艺术设计新视点· 新思维· 新方法丛书

人机工学与设计应用

ERGONOMICS AND DESIGN APPLICATION

刘秉琨 编著
朱 淳 丛书主编

化学工业出版社
·北京·

内容提要

本书首先简要介绍了人机工学的词源、研究领域等概况，之后几章分别介绍了人体活动及其效率、人体测量与人体尺寸、产品与空间尺度中的人体因素、无障碍环境设计、环境的物理因素与人体健康和功效。

本书着重于普遍性原理的解释和设计应用案例的介绍，突出设计实践应用，适合室内设计、环境艺术设计、工业设计、产品设计等各设计领域专业人员学习，有助于加深各领域对设计内涵的理解。

图书在版编目（CIP）数据

人机工学与设计应用 / 刘秉琨编著. —北京：化学工业出版社，2017.9

（艺术设计新视点•新思维•新方法丛书 / 朱淳主编）

ISBN 978-7-122-30323-3

Ⅰ. ①人…　Ⅱ. ①刘…　Ⅲ. ①人－机系统－应用－设计学　Ⅳ. ①TB21

中国版本图书馆CIP数据核字（2017）第181310号

责任编辑：徐　娟　　　　装帧设计：刘丽华

责任校对：宋　玮

出版发行：化学工业出版社（北京市东城区青年湖南街13号　邮政编码100011）

印　　装：北京瑞禾彩色印刷有限公司

889mm×1194mm　1/16　印张9　字数220千字　　2017年9月北京第1版第1次印刷

购书咨询：010-64518888（传真：010-64519686）　售后服务：010-64518899

网　　址：http://www.cip.com.cn

凡购买本书，如有缺损质量问题，本社销售中心负责调换。

定　　价：58.00元

丛书序

在世界范围内，工业革命以后，由技术进步带来设计观念的变化，尤其是功能与审美之间关系的变化，是近代艺术与设计历史上最为重要的变革因素。由此引发了多次与艺术和设计有关的改革运动，也促进了人类对自身创造力的重新审视。从19世纪末的“艺术与手工艺运动”（Arts & Crafts Movement）所倡导的设计改革，直至今日对设计观念的讨论，包括当今信息时代在设计领域中的各种变化，几乎都与技术进步与观念的改变有关。这个领域内的各种变化：从设计对象、设计类型、空间形态、功能定位、材料选择、制造技术，到当今各种信息化的交互界面、设计手段、表达方式等，都是建立在技术进步和观念改变的基础之上。

原本在这一过程中几乎被排斥在外的中国，在上个世纪末，终于以一种前所未有的速度，跨越了西方世界几乎徘徊了一百多年的过程，迅速融合到了这一行列之中。其中一个重要的标志便是在几年之前出现的，这就是在国家对学科门类的调整中，以艺术学由一级学科上升为学科门类，并由此引发一系列的学科调整，其中艺术设计学科由原来的美术学二级学科下属的“专业”调整为与“美术”并列的一级学科。2011年3月教育部颁布的《学位授予和人才培养学科目录》首次将设计学由原来的二级学科目录列为一级学科目录。这种由观念改变到体制改变的过程，反映了社会对设计人才需求的增长。面对这样的改变，关键是我们的设计教育是否能为这样一个庞大的市场提供合格的人才。

时至今日，设计的定义已经不再是仅用“艺术”与“功能”或“技术”的关系即能简单概括了。包括对人的行为、心理的研究；时尚和审美观念的了解；设计对象与类型的改变；对功能与形式新的认识；技术与材料的更新，以及信息化时代不可避免的设计方法与表达手段的更新等，一系列的变化无不在观念和技术上彻底影响着设计的内容和方式。

在设计教育领域，最直接反映这种变化过程的，莫过于教材的更新和内容的拓展。由于历史的原因，中国这样一个大国，曾经在相当长的时期内，设计教育几乎都奉行着一种“统一”的规范，材料的编纂也是按照专业来限定的，虽然从专业的角度上有利于保证教学的专业深度，但同时也在无形中限制了专业之间的融合和拓展。而这种专业界限之间的“模糊”与“融合”正是当今设计领域发展的一个总的趋势。中国经济的高速发展及全球化的进程，已经对中国的设计教育的进步形成了一种“倒逼”的势态，经济大国的地位构成了对设计人材的巨大的市场需求。而设计教学能否跟上日新月异的变化，其中一个重要的原因就是教材的更新与拓展。

本丛书的编纂正是基于这样一个前提之下。与以往的设计专业教材最大的区别在于：以往教材的着眼点大多基于某一专业的限制范围，而忽略各不同专业之间课程的共同性特点；注重对某一特定专业的需求，而忽略了不同专业之间对知识融会贯通的可能性，因而造成应用面狭窄，教材类型单一，教学针对性差的状况。本丛书特别注重设计学科不同专业方向在基础课程教学上的共性特点，同时更兼顾到不同专业方向之间的融合，以及各门课程之间知识的系统性和教学的合理衔接，从而形成开放性的教材体系。在每本书内容的设置上也充分考虑到各专业领域内的最新发展，并兼顾到社会的需求。本丛书开放的系列涵盖不同专业基础教学的课程，并注意提供有特色和创意的新课程，以求打破原来设计教育领域内僵化的专业界限；同时注重于对传统艺术与工艺的重新发掘，为当代设计开启回溯传统经典的门户。

本丛书以课程教学过程为主导，以文字论述该课程的完整内容，同时突出课程的知识重点及专业的系统性，并在编排上辅以大量的示范图例、实际案例、参考图表及最新优秀作品鉴赏等内容。同时在编纂上还注重使受教育者形成了相对完整的知识体系，采用便于自主学习及循序渐进的教学梯度，能够适应大多数高校相关专业的教学需要，还能够满足教学参考资料的需求。同时也期望对众多的从业设计人员、初学者及设计爱好者有启发和参考作用。

本丛书系列的编纂得到了化学工业出版社领导和各位工作人员的倾力相助。希望我们的共同努力能够为中国设计教育铺就坚实的基础，并达到更高的专业水准。

设计，是造物的灵魂；亦是文明的物化。在中国文化伴随着中国经济而再次成为世界文化贡献者的进程中，如何构建起既符合现代生活需求，亦契合以人为本人文思想的设计教育体系，是设计专业的责任，也是时代的课题。

朱　淳

2016年5月

目录

contents

第 1 章　人机工学概论

人机工学（ergonomics），亦名人类因素学（human factors, 二者合起来缩写为HF&E），也叫做舒适度设计、功能设计、系统设计，是产品设计、程序设计的要素[1]之一，它考虑的是所设计的产品、程序与该产品、该程序的使用者之间的关系。

人机工学和许多学科有交叉，例如心理学、工程学、生物力学、生理学、人体测量学等。本质上，它研究的是如何使环境、产品、设备的设计适应人的生理和认知能力。"人类因素"和"人体工程"基本上是同义词。

国际人机工学协会（International Ergonomics Association）对人机工学或人类因素学的定义是：

> 人机工学（人类因素学）是关于人和人所在的系统中其他因素相互关系的科学。人机工学在设计中的应用要涉及理论、原理、数据和方法，目的在于提高人的福祉和优化整个系统的性能。

人机工学的核心价值在于提高职业健康、工作安全和生产效率的水平。安全家具（safe furniture）和机器设备的友好界面（easy-to-use interface）的设计都要用到HF&E的知识。

在人工环境和机器设备的设计中正确采用"人因设计"（ergonomic design），可以防止劳损和劳损性肌肉–骨骼征候群（WRMDs, Work–Related Musculoskeletal Disorders, 若不及时治疗，会导致退隐性病变甚至永久性残障）的发生。

人机工学关心的是用户、设备及它们所处的环境这三者之间的"相适"。它要考虑用户（或工作人员）的能力与极限，确保目标、功能、信息及环境的设计（设定）适合于每一位用户（或工作人员）。

评估人与他所用的设备（所处的环境）之间的相适性，人机工学专家需要考虑工作内容、工作对工作人员的要求、工作人员所用的设备的情况（尺寸、形状及其适用性）以及信息流的情况（信息如何呈现、如何获得、如何变化）。

人机工学对人及其所处环境的研究，需要利用许多其他领域的研究成果，包括人体测量学（anthropometry）、生物力学（biomechanics）、工程学（engineering）、工业设计（industrial design）、信息设计（information design）、人体运动学（kinesiology）、生理学（physiology）、认知心理学（cognitive psychology）、工业与组织心理学（industrial and organisational psychology）以及空间心理学（space psychology）等。

---

[1] 设计中的其他要素还有材料、工艺、经济等要素。

1.1 词源

“人机工学”（ergonomics）和“人类因素学”（human factors）基本是同义词。

“人机工学”一词源自希腊语词“工作”（εργον）和“自然规律”（νομος）的二词的合成。1857年，波兰科学家沃伊切克•雅斯特坚波夫斯基（Wojciech Jastrzębowski）发表论文《人机工学纲要》[1]，此后，“ergonomics”一词始见于词典。该词的传播要归功于英国心理学家海沃•莫罗（Hywel Murrell）。莫罗用该词来指称他在第二次世界大战期间及之后所从事的研究工作。

图1-1 沃伊切克•雅斯特坚波夫斯基

“人类因素学”一词源自北美，该词更多地是指“人类因素”的方法在非工作领域应用。所谓“人类因素”，既指个体或社会行为生理的方面，也指其认知的方面，尤其是当“人类因素”会影响一个技术系统的功能的时候。

1.2 人机工学的研究领域

人机工学的研究有3个领域：生理学领域、认知心理学领域、组织学领域。

在这些领域里，各有许多专门研究。例如，生理学领域可以包括人的视觉特性的研究；认知心理学领域可以包括适用性、人机（计算机）互动以及用户体验的研究。

有些专门研究是跨界的。例如，环境人机工学关注的是人与环境因素之间的相互影响。（环境因素可以是气候、天气、气压等自然因素，也可以是机械振动之类的人为因素。）一个更具体的例子是道路的安全设计。现代道路的设计已考虑“人类因素”，先从认识道路的用户——机动车司机、自行车、行人等的行为和能力出发，再把相应的认识应用于街道的设计，以减少交通事故。在美国，致命的交通事故中有44%是由司机的失误造成的。所以，在道路的设计中，就会研究司机是如何获取和处理道路及其环境信息的，会研究如何通过优化设计来帮助司机在行车过程中对道路及其环境做出正确判断。

自人机工学出现以来，在这一领域里，新名词、新术语不断地涌现、不停地变更。例如，“用户体验工

[1] The Outline of Ergonomics; i.e. Science of Work, Based on the Truths Taken from the Natural Science.

程师”（user trial engineer）一词，该词指的是专注于研究用户尝试产品、体验环境后的主观感受的人机工学专家。但不管名词、术语如何涌现、如何变更，人机工学的宗旨依然是在设备、系统、工作方式的设计中考虑“人类因素”，以保障安全、保证健康、改善舒适、提高效率。

生理人机工学

在生理学领域（physical ergonomics），人机工学关注的是人在解剖学、人体测量、生理学以及生物力学方面的特征。这些特征都与人的身体活动相关。人体工程生理学的原理被广泛用于消费品和工业产品的设计。

人体工程生理学与医学密切相关，尤其在生理不适或生理紊乱的诊断方面，例如对关节炎（慢性或急性）、腕管综合征之类的诊断。罹患此类病症，即便神经受压迫不严重，也可能造成很大的痛苦，进而导致无法操控设备。因此，有些产品的设计就会专门应对或防止操控中这类生理紊乱的发生，或者适合长期遭受此类病痛者使用。

常见的劳损现象之一是肌肉-骨骼功能紊乱，又叫做劳损性肌肉-骨骼征候群。劳损性肌肉-骨骼疾病会使人持续疼痛，导致丧失功能和工作能力。但是对该劳损现象的初步诊断是困难的，因为患者的主诉通常只是疼痛以及相关症状。

在美国，每年有1800万名工人罹患劳损性肌肉-骨骼疾病，近乎60万名患者严重到丧失工作能力。对某些工作或在某些劳动条件下，工人会有较高的关于生理不适的投诉率，涉及过度紧张、局部疲劳甚至疼痛等主观感觉，这些感觉经一夜的休息不会消失。那些工作或劳动条件包括重复的强制用力、频繁的高举重物、空间局促的工位或振动器具的使用。

美国职业安全与卫生管理局（Occupational Safety and Health Administration，简称OSHA）调查发现，“人因化”生产过程及其管理，可以降低企业的工伤赔偿率、提高生产率、减少员工流失。所以，采用工伤日志、医疗记录和岗位分析等手段，监控被认为最可能发生问题的工作和劳动条件变得日益重要。

认知人机工学

在认知人机工学（cognitive ergonomics）领域，人机工学关注的是人的智力过程（mental processes），诸如知觉（perception）、记忆（memory）、推理（reasoning）以及运动反应（motor response）等因素，这些因素影响着系统中人与其他因素的互动模式。相应的研究课题包括脑力劳动负荷（mental workload）、决策模式（decision-making）、技能水平（skilled performance）、人的可靠度（human reliability）、工作与训练强度（work stress and training），这些课题都与人机系统、人机互动的设计相关。

组织管理工程学

人体工程组织学（organisational ergonomics）关注的是社会-技术系统（socio-technical system）的优化，包括组织结构、政策、程序的优化。相应的研究课题涉及人际沟通（communication）、人力资源管理（human resource management）、岗位设计（work design）、工作体系（work system）、时间安排（design of working time）、团队协作（teamwork）、用户参与（participatory design）、工作协调（cooperative work）、机构虚拟（virtual organisations）、远程办公（telework）以及质量管理（quality management）等方面。

1.3 人机工学简史

古代社会

考古发现显示，埃及在其早期王朝时期，工具和居家设施已经反映出人机工学的原理。

在西方，人机工学的基石大概建立于古希腊社会。有证据表明，希腊文明在公元前5世纪时，已在工具的制造和工作场所的设计中反映出人机工学的原理。一个杰出的例子是希波克拉底（Hippocrates）❶关于应该如何设计外科医生工作场所、如何摆放医疗器械的描述。

图1-2 希波克拉底

在古代东亚大陆（先秦时期），关于车的设计与制造，《考工记》中有这样的记载：

> 轮已［太］崇，则人不能登也；轮已庳［矮］，则于马终古［别扭］登阤也。故兵车之轮，六尺有六寸；田车之轮，六尺有三寸；乘车之轮，六尺有六寸。六尺有六寸之轮，轵［车轴末端］崇三尺有三寸也，加轸［车后横木］与轐［车轴与车厢间的垫木］焉，四尺也，人长八尺，登下以为节。

这段文字清晰描述了马车制造中车轮的尺寸于人、于马的适应性，总结了不同用途的车（兵车、田车、乘车）其轮子的合理尺寸，还细究了各构件的尺度及其装配后与人的身高的关系。

《考工记》中还有关于兵器的设计与制造的记载：

> 凡兵无过三其身。过三其身，弗能用也，而无已又以害人。故攻国之兵欲短，守国之兵欲长。攻国之人众，行地远，食饮饥，且涉山林之阻，是故兵欲短。守国之人寡，食饮饱，行地不远，且不涉山林之阻，是故兵欲长。

这段文字不仅对兵器与人之间的尺度关系做了清晰的论断（“凡兵无过三其身”），而且总结了不同情况下（“攻国”与“守国”、“人众”与“人寡”、行地“远”与“不远”、食饮的“饥”与“饱”）不同尺度（“短”与“长”）的兵器的适用性。

❶希波克拉底：Ιπποκρατηc，Hippokrátes；约前460－前370年。古典希腊伯里克利（Pericles）时代的医生，医学史上最杰出的人物之一，在西方被视为医学之父。时至今日，从医者仍要宣读“希波克拉底誓言”。

工业社会

19世纪下半叶，美国人弗里德里克•泰勒（Frederick Taylor）❶开创了“科学管理”（scientific management）法，提出了找出完成某一具体任务的最佳方法的途径。泰勒发现，他可以通过逐步减少铲子的尺寸和自重，把司炉工的铲煤效率提高到原来的3倍。

20世纪初，美国的弗朗克•吉尔布莱斯（Frank Gilbreth）❷和莉莲•吉尔布莱斯（Lillian Gilbreth）❸夫妇延伸了泰勒的方法，发展出“时间-动作研究”，通过消除工作过程中不必要的步骤和动作来提高效率。他们把这项研究用到砌墙工艺的改良上，结果，泥水匠垒砖的动作从18个减少到了4.5个，砌墙的效率从每小时垒120块砖提高到每小时垒350块砖。

俄国人则更关注工人的福利，他们未采纳吉尔布莱斯夫妇的研究成果。在第一届劳动科学组织大会（First Conference on Scientific Organisation of Labour, 1921年）上，弗拉基米尔•别赫捷列夫（Влади́мир Миха́Бе́хтерев）❹和弗拉基米尔•米亚希舍夫（Влади́миревич Мяси́щев）❺甚至批判了泰勒主义。

别赫捷列夫认为，解决劳动问题的终极方法不在于泰勒主义，而在于劳动的组织模式。这种劳动的组织模式应能产生最高的劳动效率却造成最少的健康损害；它应能消除疲劳、保障健康、促进每个劳动者的全面发展。

米亚希舍夫则排斥泰勒的把人变成机器的理念，认为枯燥单调的作业方式顶多在相应的机器未被发明时、在必要的条件下暂时采用。他提出了“劳动学”（ergology）的概念，在劳动模式重组的框架中来研究劳动。这个概念和他的导师别赫捷列夫的思想一拍即合，别赫捷列夫只是把这个概念的拼写改成了“ergonology”。

❶弗里德里克•泰勒：Frederick Taylor；1856－1915。美国机械工程师、管理工程师。毕生致力于提高生产效率的研究。历史上，他属于第一代企业管理人。在“进步的时代”（Progressive Era，1890年~20世纪），他的思想和他作为领导者之一的效率运动（Efficiency Movement）有很大的影响力。1911年，他出版了《科学管理的原理》（The Principles of Scientific Management）一书，总结了他的效率管理技术。

❷弗朗克•吉尔布莱斯：Frank Gilbreth, Sr.；1868－1924。早期科学管理的倡导者之一，“时间-动作研究”（time and motion study）的先驱。他和他的妻子莉莲•吉尔布莱斯（Lillian Gilbreth）都是效率专家，都对生产过程中的“人类因素”的研究作出过贡献。

❸莉莲•莫勒•吉尔布莱斯：Lillian Gilbreth；1878－1972。美国心理学家、管理学家。是最早获得哲学博士头衔的职业女性之一、最早的管理心理学家。她和她的丈夫弗朗克•吉尔布莱斯（Frank Gilbreth）都是效率专家，都对生产过程中的“人类因素”的研究作出过贡献。

❹弗拉基米尔•别赫捷列夫：Влади́мир Бе́хтерев；1857－1927。俄国神经生理学家，客观心理学之父。以发现海马体在记忆上的功能，以及对反射（reflexes）、对别赫捷列夫症（Bekhterev’s disease）的研究而著名。曾与巴甫洛夫（Ivan Pavlov）就条件反射（conditioned reflexes）的研究有过竞争。他的思想影响了美国行为主义心理学的创立。他在十月革命后被批判为机械论，犯了严重的方法论错误。

❺弗拉基米尔•米亚希舍夫：Влади́мир Мяси́щев，Vladimir Nikolayevich Myasishchev；1893－1973。苏联著名心理学家、发展心理学家（developmental psychologist）。

图1-3 弗里德里克•泰勒（1865—1915）

图1-4 弗朗克•吉尔布莱斯（1868—1924）

图1-5 莉莲•吉尔布莱斯（1878—1972）

图1-6 弗拉基米尔•别赫捷列夫（1857—1927）

航空时代

第一次世界大战前，航空心理学的研究重点是飞行员的心理，战争把这个研究重点转移到了飞行器上，特别是飞行器的控制系统和显示系统的设计以及高度和环境因素对飞行员的影响上。应战争之需，对测量与测试方法的研究、对飞行员行为模式的研究都有了长足的进步。

这一时期另一项重大发展是航空医学的研究。至第一次世界大战末，美国已建起2个航空实验室，一个在得克萨斯州（Texas）的布鲁克斯空军基地（Brooks Air Force Base），另一个在俄亥俄州（Ohio）的莱特-帕特森空军基地（Wright-Patterson Air Force Base），并对决定飞行成败的许多因素做了试验。20世纪30年代初，爱德温•林科（Edwin Link）发明了飞行模拟器（flight simulator）。此后，越来越复杂的模拟器和测试方法被开发出来。

此外，在民用领域也有一项意义深远的发展，这就是对工作条件与生产效率二者的关系的试验。试验的结果被定义为“霍桑效应”（Hawthorne Effect）❶，其内容是：意识到自己正在被别人观察的个人具有改变自己行为的倾向。具体表现之一是，激励因素对人类表现有重大影响。在生产管理上，树立榜样和提升自我重要性之类的心理激励可以导致工人产量的增加。

图1-7　爱德温•林科

❶霍桑效应：Hawthorne Effect，亦名观察效应（Observer Effect）。1924~1933年间，哈佛大学教授乔治•埃尔顿•梅奥（George Elton Mayo）主持该试验。试验的地点是西部电力公司（Western Electric Company）在伊利诺伊州（Illinois）西塞罗（Cicero）的工厂（Hawthorne Works），故名。

图1-8 西部电力公司霍桑车间（美国伊利诺伊州）

第二次世界大战推动了许多复杂新机器和新武器的发展，这些新机器和新武器对操作者的认知能力提出了新要求。泰勒式的个体适应工作的原则此时已不再适用。新机器和新武器的设计必须要利用人的特点并考虑人的极限。操作者的决策模式、关注度、情境意识、手眼协调能力——这些因素成为任务成败的关键。

具体研究人的能力与极限已是当务之急。航空医学在两次大战之间停滞下来的那些研究课题，此时许多被重启，例如菲茨（Fitts）和琼斯（Jones）的研究。1947年，他们最终研制出了飞机座舱里最佳形态的控制旋钮。

这类研究也在其他设备的研发上进行，目的就是让机构的操作更简便，让显示屏的数字更易读。“人体工程”“人类因素”等术语就是在这个时代被正式收入词典的。观察注意到，训练最佳的飞行员驾驶性能最优的飞机照样会失事。

1943年，阿方斯•查帕尼斯（Alphonse Chapanis）❶提出，飞机座舱里视觉混乱的控制界面，如果能代之以更逻辑、更有区分度的设计，那么“飞行员失误”（pilot error）就会大幅减少。战后，美国陆军航空兵部队发布了19本手册，专门总结战争期间的研究成果。

在第二次世界大战之后的几十年里，HF&E继续在各个方面蓬勃发展。兰德公司（RAND Corporation）的

❶阿方斯•查帕尼斯：Alphonse Chapanis，1917－2002。美国陆军中尉，耶鲁大学（Yale University）心理学博士，工业设计及人机工学先驱，对飞行安全的贡献良多。

伊莱亚斯•波特（Elias Porter）及其同事扩展了HF&E的内涵。他们认为：应该把防空系统、人机系统看作单个有机体，对这样单个有机体的性能的研究是可行的。在战后最初的20年里，查帕尼斯、菲茨、斯莫（Small）等人为人机工学的发展奠定了坚实的基础。

冷战时期

冷战导致相关国家防御力量大增，并进而促进了人体工程学实验的发展，许多建于第二次世界大战期间的实验室得以扩充。大学收到大笔资金用于开展人体工程学的研究。研究的范围也从小型设备的研发扩大到了整个工作站及系统的设计。与此同时，民用工业也迎来了发展的机遇。在设备的设计中，工作的焦点开始从研究转到了参与。1965年后，民用产品的设计方法渐趋成熟。随着计算机及其应用的发展，民用产品的外延也在不断扩大。

信息时代

自信息技术发展之初，就有了人机互动（HCI, human-computer interaction）的研究。随着电子消费品需求的增长和电子产品的竞争，生产电子产品的公司和行业早已在它们的产品设计中融入了人体因素。例如，各种专用服装（包括连裤衣、运动衣、运动鞋、内衣）就是先进生产工艺和人体运动学（human kinetics）、体表测量技术（body-mapping）、运动模式、体表温度分布等领域的研究成果相结合的产物。

图1-9　阿方斯•查帕尼斯（1917—2002）

图1-10　将人体因素运用到军事服装中

1.4 人机工学机构

1946年，最早的人类因素的专家组织在英国成立，名为“注册人体工程研究会”（The Chartered Institute of Ergonomics and Human Factors），亦名“人机工学会”（The Ergonomics Society）。

1957年，又一个人机工学会HFES（Human Factors and Ergonomics Society）成立。该会的宗旨是为各类系统和设施的设计共享信息，促进关于人类特征的研究与交流。

国际人机工学协会是世界各地人机工学组织的联合体。它的使命是深化与推进人机工学及其实践，通过扩大人机工学的应用范围来改善生活品质、提高社会福利。

与人机工学相关的重要组织还有职业医学研究会（IOM, Institute of Occupational Medicine）和国际汽车工程师学会（SAE, International Society of Automotive Engineers）。

国内方面，1984年建立了北京大学计算机系人机交互与多媒体研究室。该实验室主要从事研究图形软件与可视化、人机交互与用户界面、虚拟现实与多媒体等。

1990年清华大学智能技术与系统实验室建成。实验室主要从事人工智能基本原理、基本方法的基础与应用基础研究，包括智能信息处理、机器学习、智能控制，以及神经网络理论等，还从事与人工智能有关的应用技术与系统集成技术的研究，主要有智能机器人、声音、图形、图像、文字及语言处理等。

中国科学院软件研究所人机交互技术与智能信息处理实验室也长期致力于人机交互的研究，研究内容包括多通道用户界面笔式用户界面、智能用户界面和三维交互中的多种关键技术。特别是在人机交互中的用户模型、用户界面模型、多通道交互信息整合、笔式交互技术、三维交互技术、创新概念设计技术、人机交互软件体系结构等多个研究方向上进行了深入的研究。

第 2 章　人体活动及其效率

2.1　人体运动的原理

人所有的肢体活动都是由人体的运动系统实现的。人体的运动系统由3种器官组成：①骨；②关节；③肌肉。这里的肌肉指的是骨骼肌。骨以不同形式（不动、微动、可动）的关节联结在一起构成骨骼，进而形成人体体形的基础，并为肌肉提供附着点。骨骼肌附着于骨，在神经的支配下收缩和拉伸，牵引其所附着的骨，以可动关节为枢纽，形成杠杆运动。

人体的运动系统有3个功能：运动、支持和保护。人体活动——从简单位移到语言、书写等高级活动——都是在神经系统的支配下，通过肌肉收缩而实现的。人的任何一个动作都会有许多肌肉参加：一些肌肉收缩，承担完成运动预期目的角色，另一些肌肉予以协同配合，还有一些肌肉处于对抗的地位，起着相反相成的作用——它们既适度放松也适度紧张度，以使动作平滑、准确。

在“支持”方面，运动系统构成人体体形、支撑体重和内部器官、维持人体姿势。人体姿势的维持除了由骨和关节形成的支架外，主要靠肌肉的紧张度来实现。肌肉经常处于不随意的紧张状态中，即通过神经系统，反射性地保持一定的紧张度。人体自由状态下的静态平衡，大多是以相互对抗的肌群各自保持一定的紧张度而实现的。

人体的躯干由骨骼围合成若干体腔：颅腔、胸腔、腹腔和盆腔。颅腔保护和支持着脑髓和感觉器官；胸腔保护和支持着心、大血管、肺等脏器；腹腔、盆腔保护和支持着消化、泌尿、生殖系统的各脏器。骨和关节构成骨性体腔壁。肌肉也构成某些体腔壁的一部分，例如腹前壁、腹侧壁、胸廓的肋间隙等，或围在骨性体腔壁周围，形成具有弹性和韧度的保护层，在受到外力冲击时，肌肉会反射性地收缩，起着缓冲打击和震荡的作用。

骨和关节

（1）骨

骨是以骨组织为主体构成的器官。骨以骨质为基础，表面覆以骨膜，内部充以骨髓。附着于骨的血管和神经，先进入骨膜，再穿入骨质，然后进入骨髓。

成人共有骨206块，按其部位分为头颅骨、躯干骨、上肢骨、下肢骨4部分，各部分骨的数量和名称详见表2-1和图2-1～图2-3。

表2-1　骨的名称与数目

部位	名称与数量	
颅骨29块	脑颅骨8块	额骨1块
		顶骨2块
		颞骨2块
		枕骨1块
		筛骨1块
		蝶骨1块
	面颅骨15块	上颌骨2块
		下颌骨1块
		鼻骨2块
		泪骨2块
		颧骨2块
		犁骨1块
		下鼻甲骨2块
		腭骨2块
		舌骨1块
	听小骨6块	锤骨2块
		砧骨2块
		镫骨2块
躯干骨51块	椎骨26块［图2-3(a)］	颈椎7块
		胸椎12块
		腰椎5块
		骶骨1块
		尾骨1块
	肋骨24块	—
	胸骨1块	—
上肢骨64块	上肢带骨4块	肩胛骨2块
		锁骨2块
	自由上肢骨60块	肱骨2块
		尺骨2块
		桡骨2块
		腕骨16块
		掌骨10块
		指骨28块
下肢骨62块	下肢带骨2块	髋骨2块
	自由下肢骨60块	股骨2块
		髌骨2块
		胫骨2块
		腓骨2块
		跗骨14块
		跖骨10块
		趾骨28块

图2-1　人体骨骼（前面）

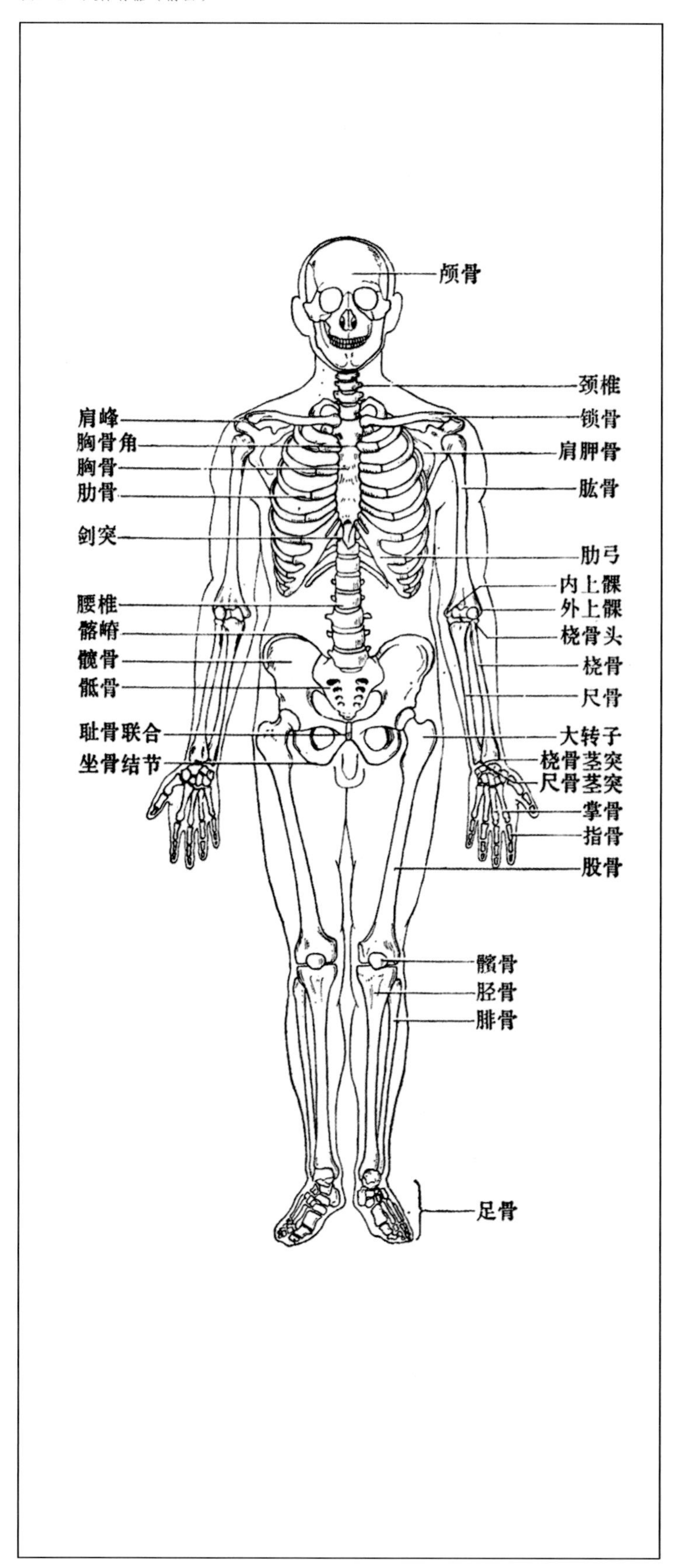

图2-2　人体骨骼（侧面）

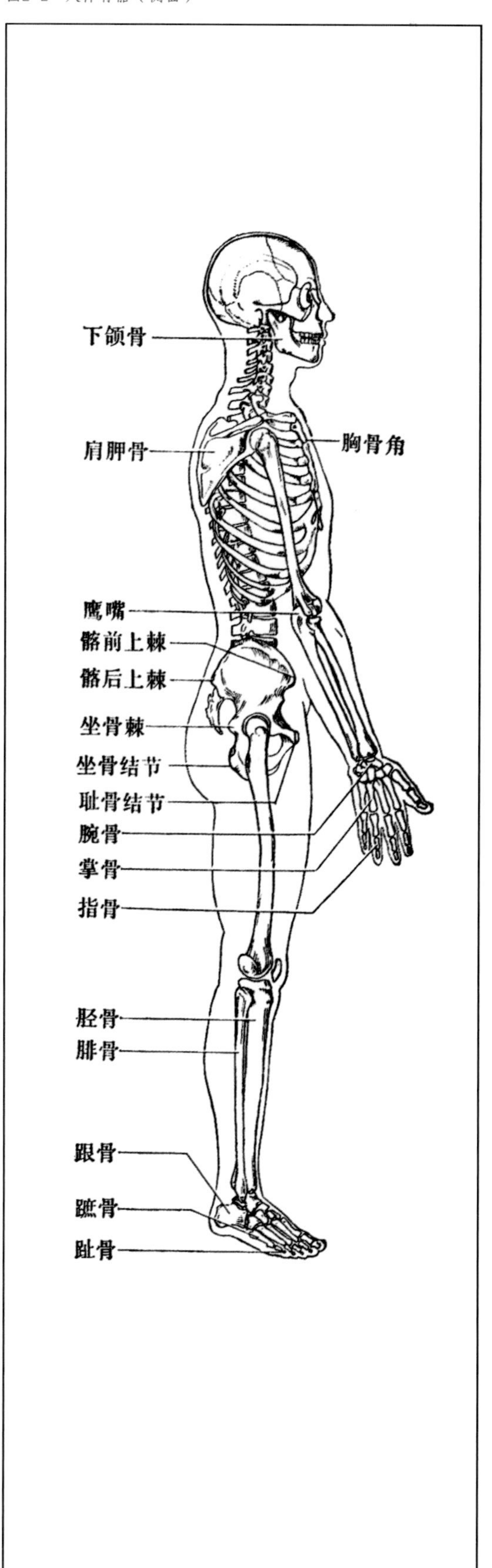

图2-3(a)　人体脊椎

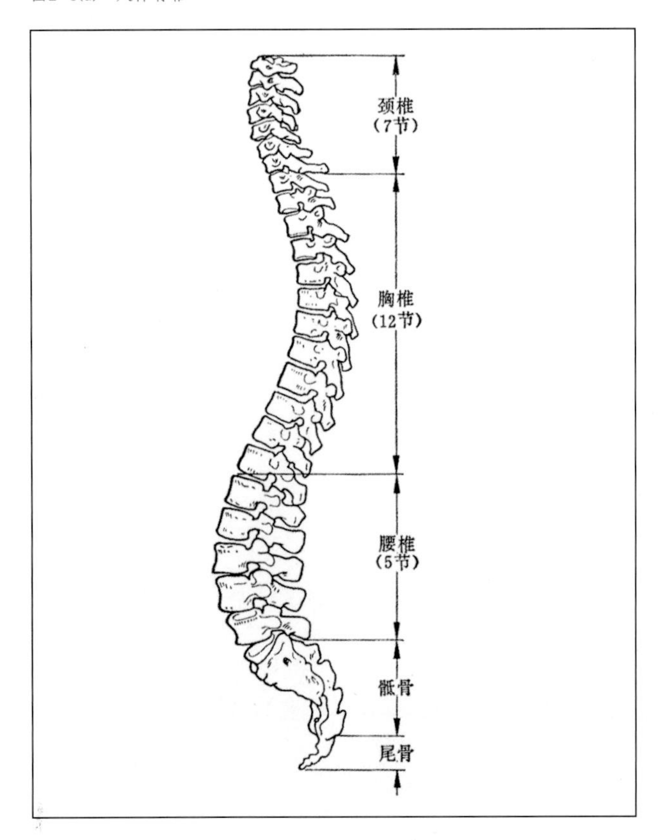

图2-3(b)　人体脊椎

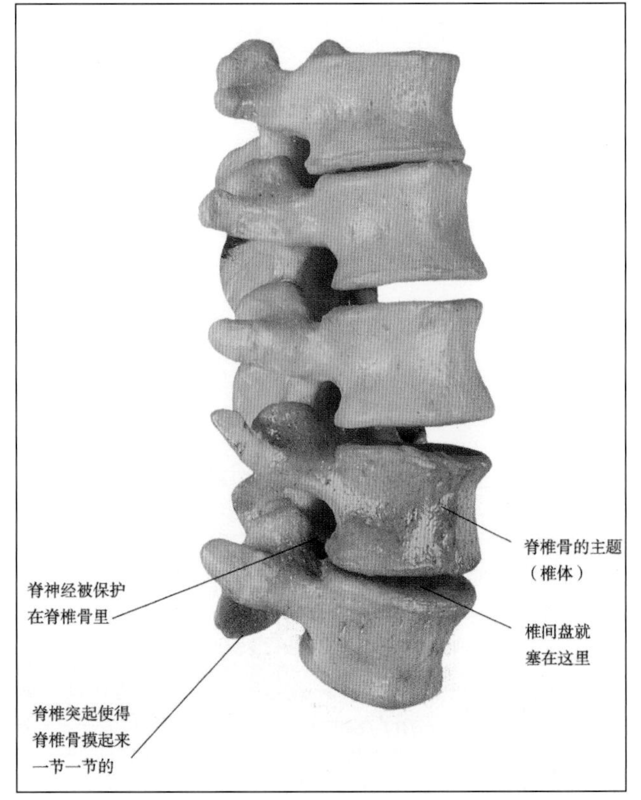

骨因其所在部位和功能的不同，形态也各异。按其形态特点分为长骨、短骨、扁骨、不规则骨4种。

骨以骨质为基础，骨质按其结构分为两种：一种由多层紧密排列的骨板构成，叫做骨密质；另一种由薄骨板即骨小梁相互交织构成立体的网，呈海绵状，叫做骨松质。骨质因劳动、训练、疾病等各种因素的影响，表现出很大的可塑性。例如，芭蕾舞演员的足跖骨骨干增粗，骨密质变厚；卡车司机的掌骨和指骨骨干增粗；长期卧床者，其下肢骨小梁的压力曲线变得不明显等。

长骨的密质大部分集中在骨干部，形成骨管壁，壁内有管腔，叫做骨髓腔（图2-4）。骨髓腔和骨松质内藏有骨髓。骨髓是结缔组织。胎儿和幼儿的骨髓有造血功能，含有丰富的血液，肉眼观察呈红色，故名红骨髓。人约从6岁起，其长骨骨髓腔内的骨髓渐为脂肪组织所代替，变为黄红色且失去造血功能，叫做黄骨髓，成人的红骨髓仅存在于骨松质的网眼内。

骨质表面（关节面除外）覆有一层致密的结缔组织，叫做骨膜。骨膜有许多纤维束伸入到骨质内。肌腱、韧带都附着于骨，在其附着部位与骨膜编织在一起。骨膜富含血管和神经，通过骨质的滋养孔分布于骨质和骨髓（图2-5）。骨髓腔和骨松质的网眼也衬着一

图2-4　上臂中的肱骨

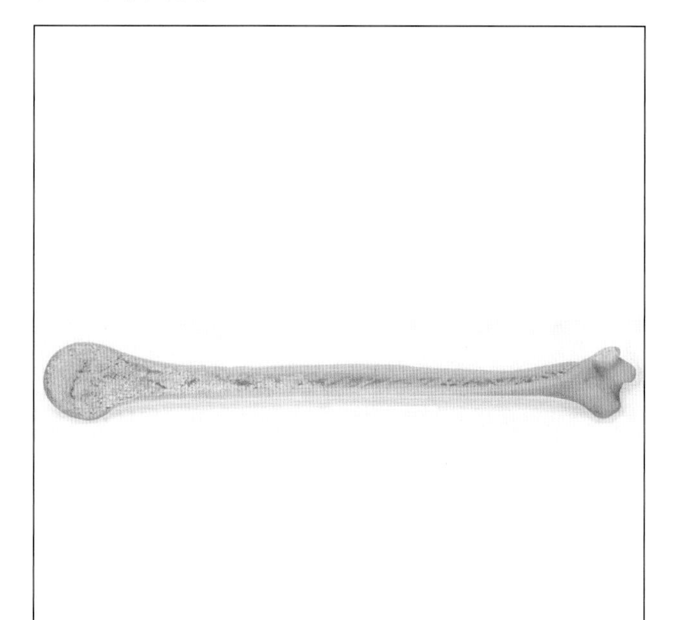

图2-5　骨的构造

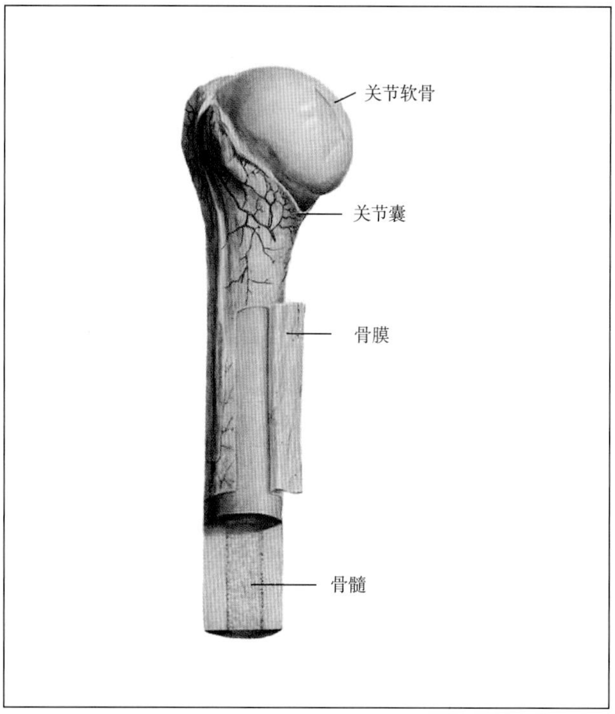

层菲薄的结缔组织，叫做骨内膜。骨膜的内层和骨内膜有分化成骨细胞和破骨细胞的能力，以形成新骨质和破坏、改造已生成的骨质，所以它们对骨的发生、生长、修复、营养等有重要意义。老年人骨膜变薄，成骨细胞和破骨细胞的分化能力减弱，因而骨的修复机能减退。

（2）关节

骨与骨的连接有两种情况：一种是直接连接，另一种是间接连接。骨的直接连接又有韧带连接、软骨结合、骨结合3种方式。骨的间接连接就是所谓的关节。

构成关节的骨的相对面叫做关节面。关节面是一凸一凹相互适应的两个面。凸的叫关节头，凹的称关节窝。关节面为关节软骨所被覆。关节软骨使关节头和关节窝更加适应，其表面光滑，面间有少许滑液，摩擦系数小于冰面，使运动更加灵活，关节软骨有弹性，从而使关节有减缓振动的功能。关节软骨无血管神经分布，由滑液和关节囊滑膜层的血管通过渗透供给营养。

关节面周围包有结缔组织，形成关节囊。关节囊的两端附着于与关节面周缘相邻的骨面。关节囊的外表是纤维层，内面是滑膜层。纤维层由致密的结缔组织构成，其厚薄、松紧随关节的部位和运动的情况而不同。纤维层有丰富的血管、神经和淋巴管分布。滑膜层由疏松的结缔组织构成，薄而柔润，周缘与关节软骨相连。滑膜上皮会分泌滑液，滑液不仅有润滑作用外，它还是关节软骨和关节盘进行物质代谢的媒介。

关节囊滑膜层和关节软骨共同围成关节腔。关节腔呈密闭的负压状态，内含少量滑液。

一些关节的关节腔内生有纤维软骨板，叫做关节盘。关节盘的周缘附着于关节囊，将关节腔分隔为上、下两部。其作用是使关节头和关节窝更加适应，增加运动的灵活性和多样性，此外，它还能起到缓冲振动的作用。膝关节内的关节盘不完整，是两片半月形的软骨片，叫做半月板（图2–6）。

骨在肌肉收缩的牵拉下，沿关节轴所规定的轨迹作位移，关节起着枢纽的作用。关节面的形态是关节运动轴和运动形式的构造基础。关节头和关节窝的面积差决定关节运动的幅度大小。同类关节，两者的面积差大，运动幅度就大，关节也较灵活；反之，两者的面积差小，运动幅度就小，关节趋于稳固。例如，同为球窝关节，肩关节的运动幅度大而灵活，髋关节与之相比，运动幅度小而稳固（图2–7）。

关节囊的厚薄、松紧，周围韧带和肌腱的状况对关节运动有明显影响。关节囊坚韧、紧张，周围韧带和肌腱坚固，则关节运动因受限而稳固；反之，关节囊薄弱、松弛，周围韧带和肌腱较少，则关节运动幅度大而灵活。

此外，关节内构造对关节运动也有影响。关节盘、半月板、滑液均可增加关节的灵活性，而关节内韧带则制约关节运动，从而增加关节的稳固性。

图2–6 膝关节的构造

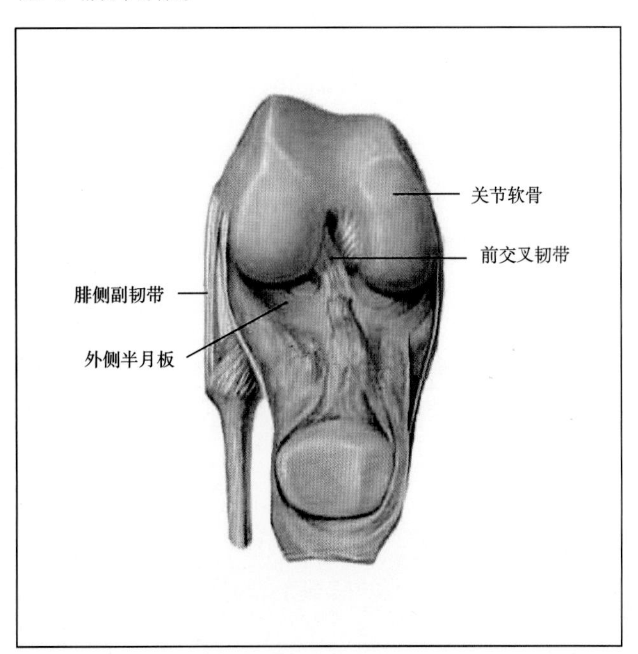

图2–7 髋关节(后面关）

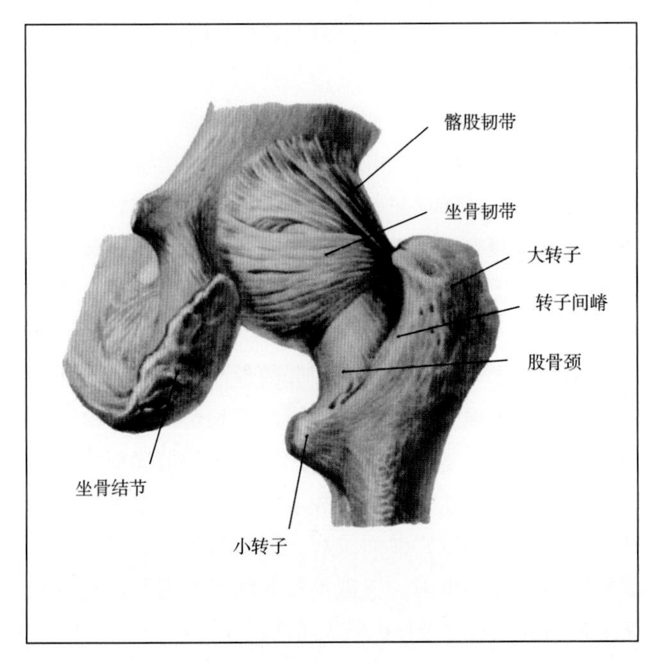

肌肉的生理特征

运动系统的肌肉属于横纹肌，因绝大部分附着于骨，故名骨骼肌。骨骼肌是运动系统的动力装置。每块肌肉都是具有一定形态、构造和功能的器官，有丰富的血管和淋巴分布，在神经的支配下收缩或舒张，做随意运动。肌肉有一定的弹性，被拉长后，当拉力解除时可自动恢复到原来的状态。肌肉的弹性可以减缓外力对人体的冲击。肌肉内还有感受体位和状态的感受器，不断将冲动传向中枢，反射性地保持肌肉的紧张度，以维持人体姿势和保障运动协调。

人体的绝大部分肌肉起于一骨而止于另一骨，中间跨过一个或几个关节。它们的排列规律是，以所跨越关节的运动轴为准，形成与该轴线相交叉的两组相互对抗的肌肉。这两组相互对抗的肌肉叫做对抗肌。在做某一动作时，一组肌肉收缩，与其对抗的那组肌肉则适度放松并保持一定的紧张度，以使动作平滑、准确（图2-8）。

图2-8　手臂的浅层肌肉

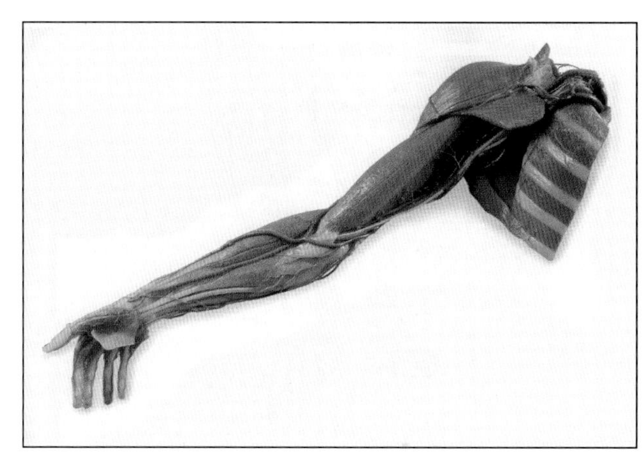

在完成一个动作时，除了主要的运动肌（原动肌）收缩外，尚需其他肌肉配合。配合原动肌的肌肉叫做协力肌。对抗肌与协力肌的关系往往因运动轴的不同而相互转化，在沿此一轴线运动时为对抗肌，到沿彼一轴线运动时则为协力肌。例如，尺侧伸腕肌和尺侧屈腕肌，在腕关节做屈伸运动时，二者是对抗肌；而在腕关节做收展运动时，二者是协力肌。

此外，还有一些动作，在原动肌收缩时，必须有另一些肌肉固定附近的关节。例如，在握拳时，需要伸腕肌将腕关节固定在伸的位置上，屈指肌才能使手指充分屈曲做出握拳动作。这种不直接参与动作而为该动作提供先决条件的肌肉叫做共济肌。

肌肉占人体重量的40%左右（女性全身肌肉的重量不超过体重的35%，男性全身肌肉的重量可达体重的40%～45%），分布于人体各部（图2-9、图2-10）。肌肉虽数量众多，但其基本构造相似。一块典型的肌肉，可分为中间的肌腹和两端的肌腱两部分，肌腹通过两端的肌腱附着于骨。

肌腹由横纹肌纤维组成，是肌肉的主体（图2-11）。肌纤维的直径约为1mm，其长度依肌肉的大小从5mm到140mm不等。一块肌肉由10万~100万条肌纤维组成。长肌肉的肌纤维通常组成肌束，再由肌束组成肌腹。肌腹的表面包有一层膜，向两端与肌腱融合在一起。肌腹呈红色，柔软，有收缩能力（图2-12、图2-13）。

图2-9 人体肌肉（前面）

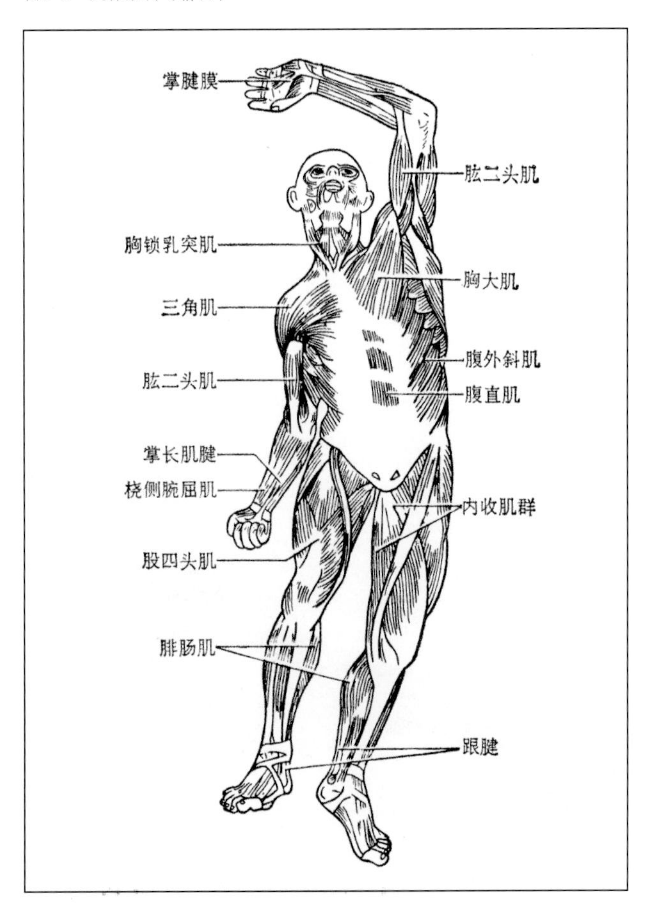

图2-10 人体肌肉（背面）

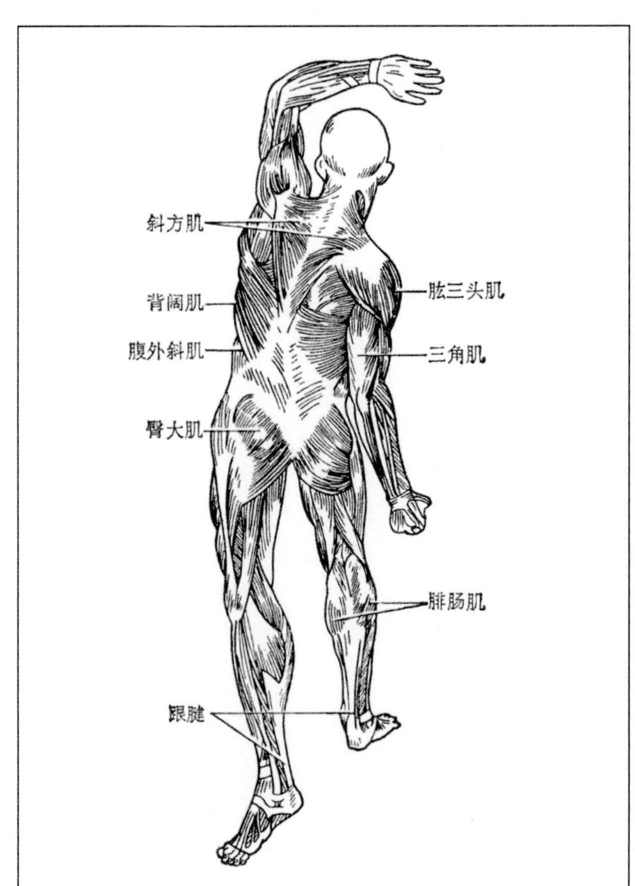

图2-11 骨骼肌

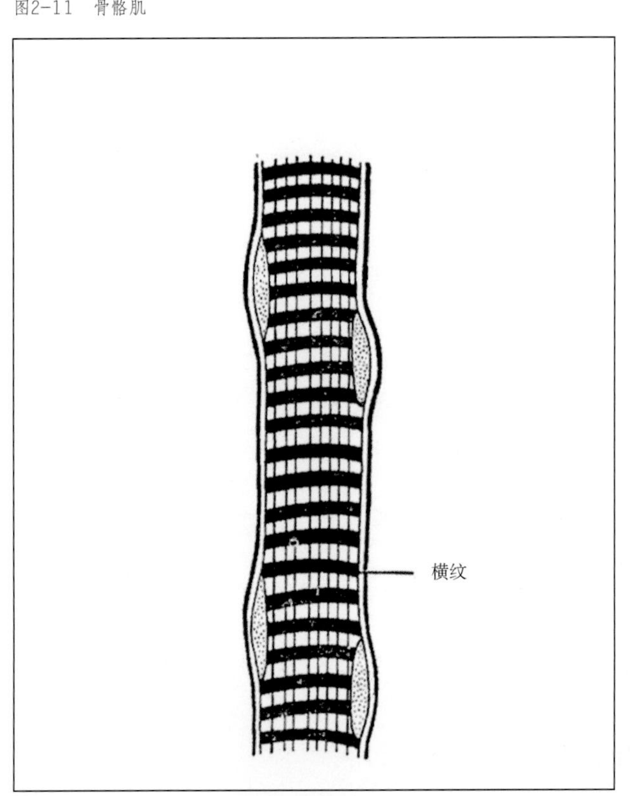

图2-12 肌腹和两端的肌腱

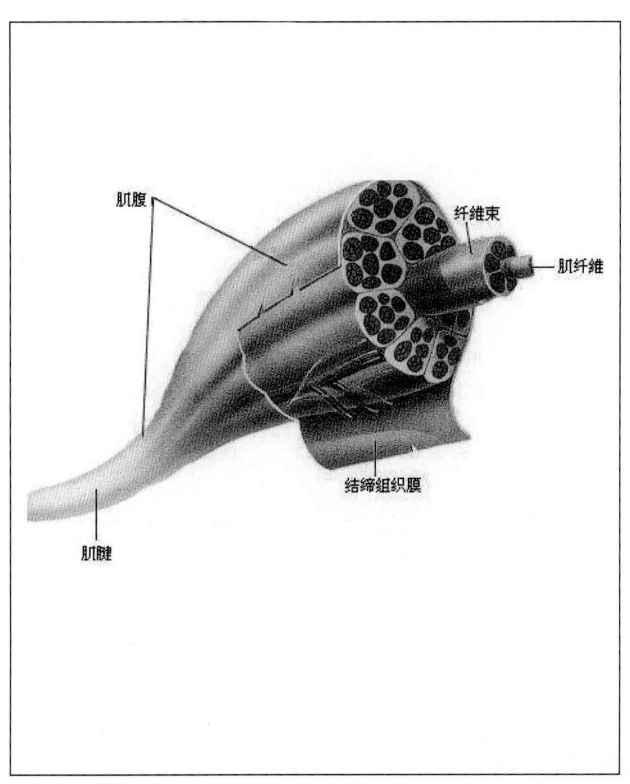

图2-13　肱二头肌及其起止点

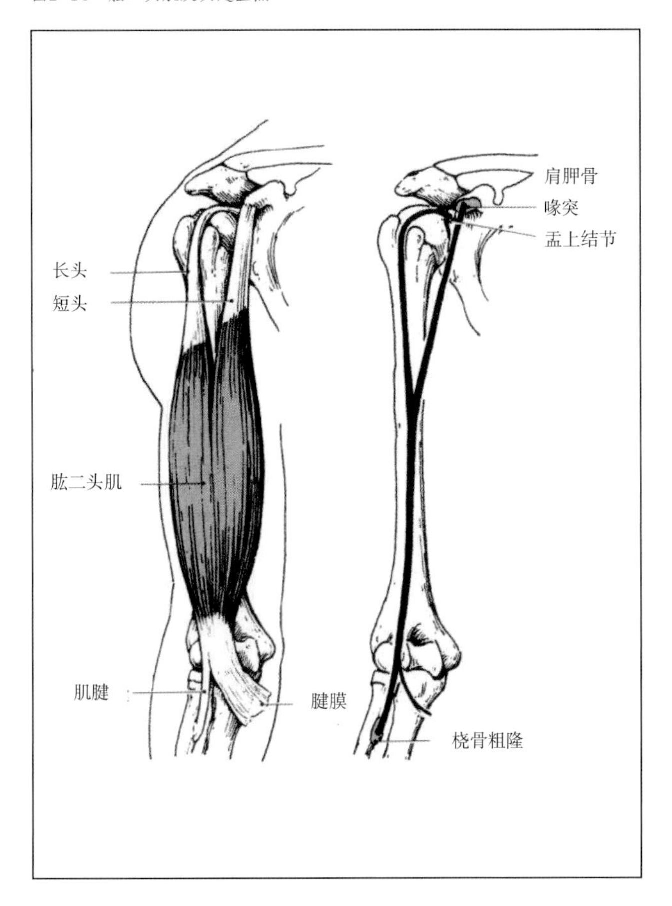

肌腱是由相互平行的胶原纤维束构成的索状或带状组织。肌腱直接附着于骨，在其附着部位与骨膜编织在一起。肌腱呈白色，有光泽，无收缩能力。

肌肉的收缩由组成它的肌纤维的收缩而致。每一条肌纤维都能以一定大小的力量收缩，肌肉的力量（肌力）就是组成该肌肉的所有肌纤维的收缩力量之和。一次运动中使用的肌纤维数量越多，所发出的力量就越大。可见，肌肉的力量与肌肉的横截面积有关，肌肉的横截面积越大，意味着所含的肌纤维数量越多，也就意味着所能发出的力量就越大。这是肌肉发达的人比肌肉不发达的人"力气"大的原因。

肌肉因收缩而做功，肌肉做功的能力与其长度有关。肌肉越长，其做功的能力越大。肌肉能够收缩到它自然长度的一半。肌肉从其自然长度开始收缩时，可产生最大的肌力；随着长度缩短，肌肉产生肌力的能力逐渐减小。人在紧张状态时，肌肉已有一定的收缩，就难以发出预期的力量，所以，人在需要发力的时刻，应当保持肌肉放松，也就是让肌肉从其自然长度开始收缩，这样才能有效、自如地发力，日常劳作和体育运动的经验都证明了这一点。

人的最大肌力是4kg/cm^2。在同样的训练条件下，女性因其肌肉较小，故女性的肌力比男性的小约30%。

肌肉的收缩按其长度的变化有等长收缩和非等长收缩两种情况。当肌肉拉力等于外界阻力时，肌肉保持一定程度的收缩，其长度不变，这是肌肉的等长收缩。肌肉的等长收缩不产生位移，故肌肉没有做机械功。当肌肉拉力不等于外界阻力时，肌肉的长度改变。当肌肉拉力大于外界阻力时，肌肉连续缩短并产生位移，肌肉做正机械功；当肌肉拉力小于外界阻力时，肌肉虽然收缩，但还是被拉长，此时肌肉做负机械功，负机械功转化为热量。

图2-14 肌肉在动态施力、静态施力和放松状态下的供血量

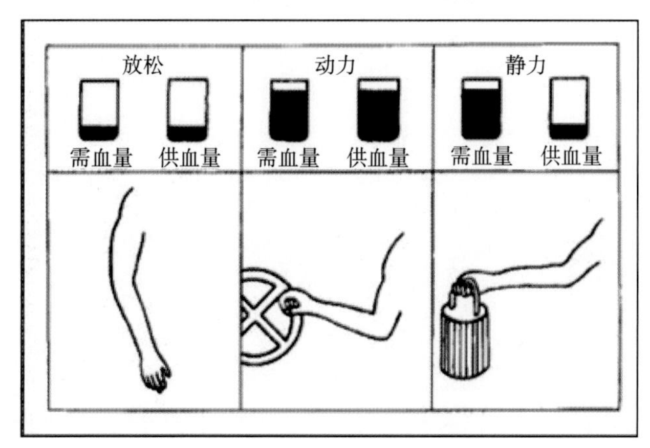

图2-15 肌肉静态施力及其维持时间的关系

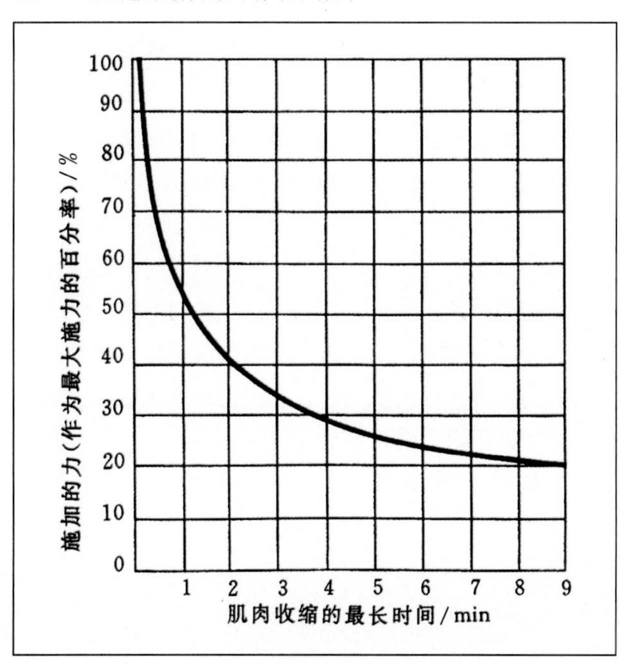

肌肉的工作模式

肌肉在神经的支配下收缩，牵拉其所附着的骨，以可动关节为枢纽，产生杠杆运动，进而可将肌力作用于其他物体上，这个过程称为肌肉施力。肌肉施力有两种方式：动态施力和静态施力（图2–14）。

血液在肌肉中输送可使肌肉获得足够的糖和氧，并带走肌肉的代谢废物。动态施力时，肌肉有节奏地交替收缩和舒张。走路、拍球、打字等动作都是肌肉的动态施力。对于血液循环而言，肌肉的动态施力相当于一个泵的作用。肌肉收缩时血液被压出肌肉，肌肉舒张时血液进入肌肉。血液循环将从肺部吸入的氧气和从消化道吸收的营养物质（糖、脂肪、蛋白石）、水、无机盐等运送到人体各组织，同时，从各组织将代谢废物（二氧化碳、尿素等）带到肺脏和排泄器官排出体外。肌肉运动时血液的输送量比肌肉静息时的高几倍，有时可达肌肉静息时的10～20倍。所以，如果运动节奏合理，动态施力可以持续很长时间而不疲劳，心脏的搏动就是其例。

静态施力时，肌肉长时间保持某种收缩状态。站立、静坐、持物等姿势都是肌肉的静态施力。静态施力时，收缩的肌肉持续压迫血管，阻碍血液在肌肉中输送，肌肉无法从血液得到糖和氧的补充，必须依赖本身的能量储备，并且，肌肉的代谢废物不能排出。代谢废物的积累会引起肌肉酸痛，迅速导致肌肉疲劳。所以，肌肉静态施力的可维持时间相对于动态施力的要短许多。一个未经训练的人也许可以连续跑动5分钟而不觉疲劳，可是以马步站桩（大腿水平）通常连半分钟都坚持不了。

静态施力时用力愈多，血液输送的阻碍愈大，肌肉疲劳的出现也愈快。用力较小时肌肉仍有部分的血液输送，当用力达到最大肌力的60%时，血液输送几乎全部中断。图2–15所示是静态用力的大小和最大维持时间的关系。由图可知，当用力达到最大肌力的50%时，可维持1min；达30%时，可维持4min；达20%时，可维持几小时。所以，在设计工作环境和工作设备时，应尽量避免需要静态施力的情况出现，若无法避免，则应使人的静态施力在其最大肌力的20%左右，以减轻人的工作负担。

长期的静态施力可致疼痛。这种疼痛不仅发生在肌肉，而且扩散到关节；施力停止，疼痛却不停，而且疼痛总是与某个特定的动作或姿势相关。例如，长期弯腰用一侧肩膀扛抬重物，或习惯性坐姿不良，使腰肌长时间处于牵拉状态，最终造成腰部肌肉累积性劳损变性，

即所谓腰肌劳损；长期伏案工作者，其相对固定的低头屈颈姿势，使颈后部肌肉与韧带长时间处于牵拉状态，最终导致头颈部僵直，活动受限，且活动时疼痛，甚至有偏头痛、眩晕、视力障碍、耳鸣、听力减退、手臂手指酸痛麻痹等症状，即所谓颈椎病。

就人体活动而言，经常需要一部分肌肉动态施力，同时有另一部分肌肉静态施力。例如，人在踢球时，需要有一条腿动态施力将球踢出去，同时需要另一条腿静态施力以支撑人的体重并保持稳定。再如，中国人吃饭时，一手操作筷子，另一手把握饭碗，操作筷子的手在动态施力，而把握饭碗的手是静态施力。还有，人在弯腰整理床铺时，手臂肌肉基本是动态施力，而背部肌肉则为保持弯腰的姿势在静态施力……此类事例在日常工作和生活中不胜枚举。一般工作往往既有动态施力又有静态施力。由于静态施力容易疲劳且比较费力，因此，当两种施力方式并存时，首先要处理好静态施力的动作。

神经系统的角色

人体活动是在神经系统的支配下，通过肌肉收缩而实现的（图2-16）。神经由许多神经纤维集合成束，再被周围的结缔组织包绕形成整体。神经系统由神经元（神经细胞）和神经胶质组成。神经元是一种高度特化的细胞，是神经系统的基本构造和功能单位，具有感受刺激和传导兴奋的功能。神经元由胞体和突起两部分构成。神经元的突起按其形状和机能分为树突和轴突。轴突即一般所称的神经纤维。树突短而分支多，它接受冲动，并将冲动传至细胞体。轴突长而分枝少，每个神经元只发出一条轴突，胞体发出的冲动沿轴突传出（图2-17）。神经胶质对神经元起着支持、绝缘、营养和保护等作用，它不具有传导冲动的功能。

神经元之间的联系方式是相互接触，接触部分的构造叫做突触。神经冲动由一个神经元通过突触传递到另一个神经元，通常是一个神经元的轴突与另一个神经元的树突或胞体发生机能上的联系。

神经系统对内、外环境的刺激所做的反应叫做反射。反射是神经系统的基本活动方式。反射活动的形态学基础是反射弧，包括感受器、传入神经元（感觉神经元）、中枢、传出神经元（运动神经元）、效应器（肌肉、腺体）5个部分。只有在反射弧完整的情况下，反射才能完成。

图2-16　面部神经

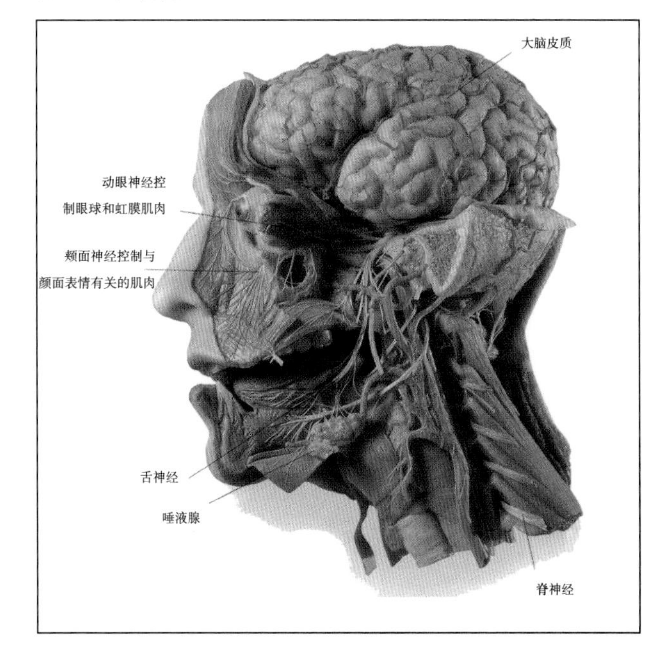

图2-17 神经元

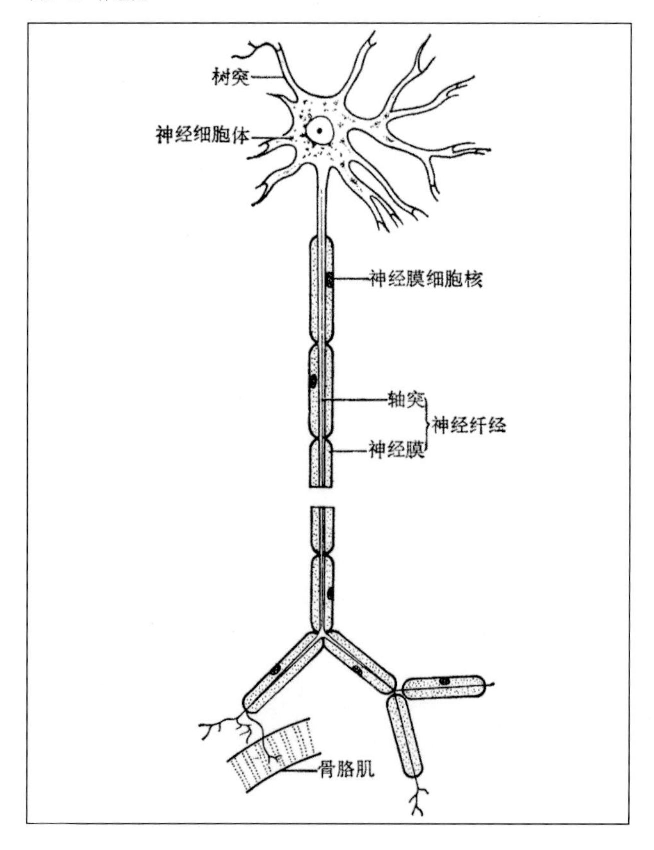

人体的反射是可以预测的，甚至是定型的。反射动作可以与意识动作一样，由许多肌肉、关节协调完成，有明显的适应意义。人体的许多活动都是以反射作为控制机制的。一种技能的获得，就是一种无需意识控制的反射的形成，即条件反射的形成。它对提高人体活动效率、降低活动能耗、减少伤害事故有重要意义。日常劳作和体育运动的经验都证明了这一点。

神经系统在形态上和机能上都是完整的不可分割的整体，但按其所在部位和功能，可分为中枢神经系统和周围神经系统。中枢神经系统包括位于颅腔内的脑和位于椎管内的脊髓。周围神经系统联络于中枢神经和其他各系统器官之间，包括与脑相连的脑神经和与脊髓相连的脊神经（图2-18、图2-19）。周围神经系统按其所支配的器官的性质，分为分布于体表和骨骼肌的躯体神经系以及分布于内脏、心血管和腺体的内脏神经系。将内、外环境的刺激转变为神经信号向中枢传递的纤维叫做传入神经纤维，由这类纤维构成的神经叫做传入神经或感觉神经。向周围的靶组织传递中枢冲动的神经纤维叫做传出神经纤维，由这类神经纤维构成的神经叫做传出神经或运动神经。分布于皮肤、骨骼肌、肌腱、关节等处，将这些部位感受到的内、外环境的刺激传入中枢的纤维叫做躯体感觉纤维。分布于内脏、心血管、腺体等处，将来自这些部位的感觉冲动传至中枢的纤维叫做内脏感觉纤维。分布于骨骼肌并支配其运动的神经纤维叫做躯体运动纤维，由它们组成的神经叫做动物性神经。支配平滑肌、心肌运动以及调控腺体分泌的神经纤维叫做内脏运动纤维，由它们组成的神经叫做植物性神经。

肌纤维的收缩是由神经冲动引起的，神经冲动的强度取决于运动神经元的兴奋程度。肌肉收缩的速度取决于一定时间内肌肉发力的大小。因为肌力是组成该肌肉的所有肌纤维的收缩力量之和，所以，人体活动的速度同样取决于实际收缩的肌纤维的数量，故也受神经系统的支配。当肌肉收缩速度很慢或较长时间保持收缩状态时，组成该肌肉的肌纤维实际上是交替收缩的，这样每条肌纤维都有一段休息时间。

肌肉收缩的过程具有电活动，与神经冲动的电现象相似。肌肉收缩的电活动经放大后可以记录下来，这种记录叫做肌电图。肌电图是研究人体肌肉负荷的有效工具，在人机工学的研究中有广泛应用。

图2-18 人体脊神经（前面）

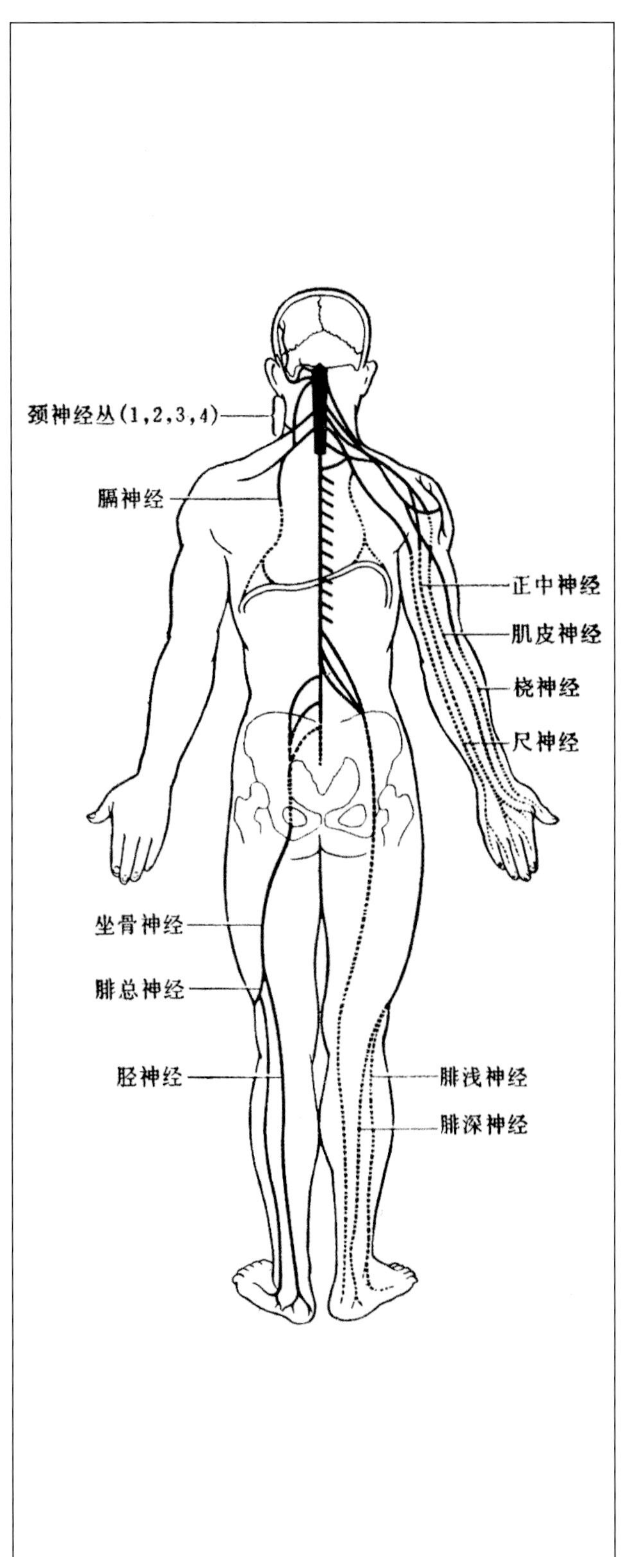

图2-19 人体脊神经（背面）

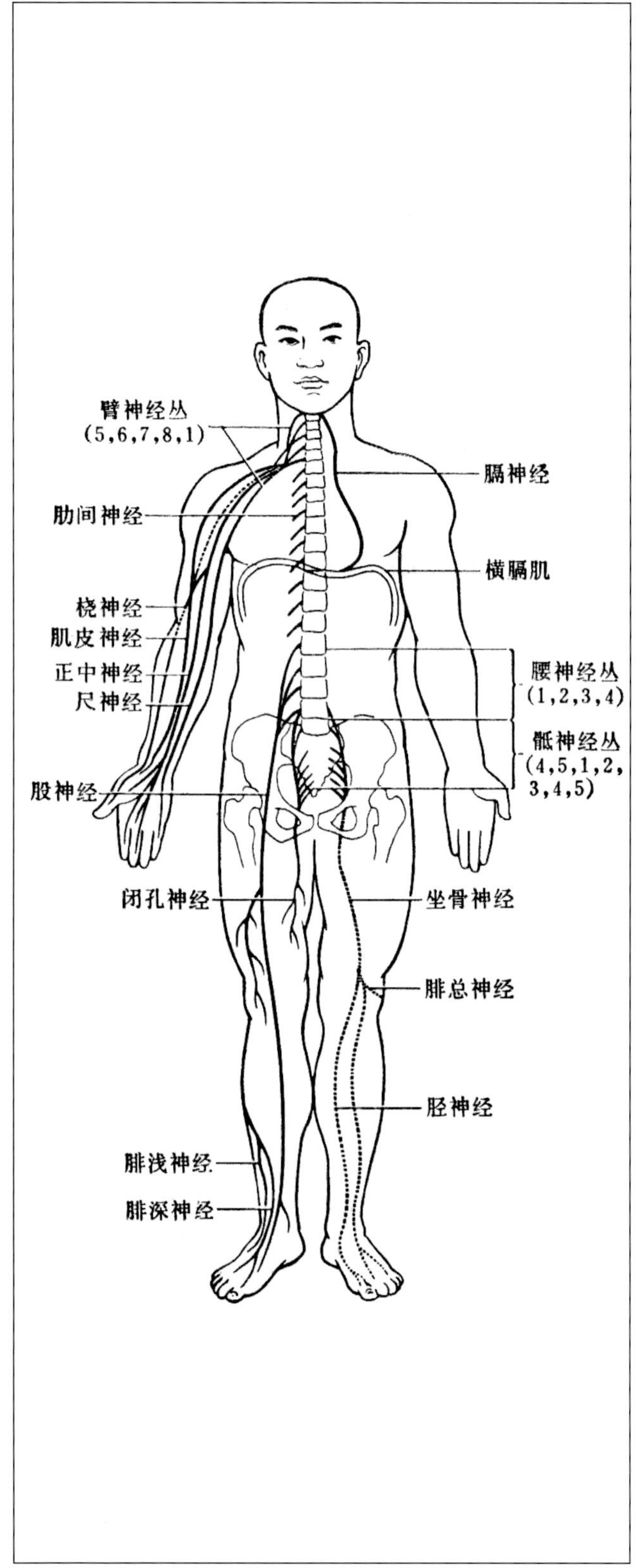

2.2 人体活动的效率

能量供应

肌肉收缩所需的能量是由细胞中的ATP（三磷腺苷）分解提供的。ATP在酶的作用下，迅速分解为ADP（二磷酸腺苷）和磷酸，同时释放能量供肌肉完成机械活动。肌肉中的ATP储量很少，必须边分解边合成才能使肌肉活动持续，所以ATP一旦被分解，就立即由其他物质再合成。当ATP消耗过多以致ADP增多时，肌肉中的另一种高能磷酸化合物（磷酸肌酸）立即分解，并释放能量供ADP合成ATP。但肌肉中磷酸肌酸的含量也很有限，它从低能量向高能量的转变，要靠糖、脂肪和蛋白质提供能量。

糖在人体内的存在有两种形式——葡萄糖和糖元。血液中的糖（血糖）是葡萄糖。人体各组织储存葡萄糖的能力很小，各组织的活动必须有血糖不断供应。人体一般组织储存糖元的能力也有限，只有肝脏和肌肉能较大量地储存糖元。

葡萄糖不是肌肉工作的直接能源，但在强体力活动中它是主要的功能物质。葡萄糖在人体内有3种代谢变化：①在细胞内氧化生成二氧化碳和水排出体外，并释放能量以供利用，能量的一部分用以维持体温，另一部分储存在ATP中；②在细胞内转变成糖元储存；③在细胞内转变成其他物质，例如脂肪、胆固醇等。

葡萄糖从血液进入细胞，经过多次分解转变为丙酮酸，再进一步分解有两种方式：有氧氧化和无氧酵解。在有氧条件下，丙酮酸会进一步有氧分解，最后生成二氧化碳和水，整个分解过程释放能量，供合成ATP之用。当供氧不足时，丙酮酸转化为乳酸。乳酸属于代谢废物，会引起肌肉疲劳和肌肉反应迟缓。丙酮酸转化为乳酸时，也释放能量，在缺氧条件下可短时间维持肌肉的剧烈活动。

肝脏和肌肉储存糖元的能力最强。食物中的葡萄糖由肠壁吸收进入血液，肝脏和肌肉中糖元的储存就增加。当血糖被各组织细胞利用而浓度降低时，肝脏中的糖元逐步分解成血糖。血糖和肝糖元在神经和激素的调节下相互转变，所以正常人的血糖量保持在每百毫升血液80～120mg范围内。血糖若下降到30mg/dl，大脑会因缺乏血糖而不能活动，人就会昏迷。

在一般体力活动和静息时，脂肪和蛋白质是主要的功能物质。与糖相比，糖供应人体所需能量的绝大部分，而脂肪供应较小部分。但脂肪在人体内的储存量很大，约占成年人体重的10%～20%，糖在人体内的储存量不到体重的1%（表2-2）。脂肪氧化也生成二氧化碳和水，并释放能量以供利用。脂肪氧化释放的能量比同样重量的糖要多1倍以上。

蛋白质作为人体的能量来源时，先分解代谢变成氨基酸，再由氨基酸氧化生成二氧化碳和水，并释放能量以供利用。

表2-2 人体主要化学物质的含量（以体重60kg计）

化学物质	质量 /kg	百分比 /%
糖	0.3	0.5
脂肪	9.0	15.0
蛋白质	11.0	18.0
水	36.0	60.0
无机盐	3.0	5.0
其他	0.7	1.5

人体活动的效率

人体活动的效率可以用所做的有用功与总的能耗相比来衡量。糖、脂肪和蛋白质氧化释放的能量，大部分转化为热能而只有一小部分转化为机械能。在最有利的条件下，人体的能量有约70%转化为热能。对于人体而言，热能是最“低级”形式的能，热能不能转化为其他形式的能，不能用于做机械功，只能用于维持体温。人体的能量的其余约30%储存在ATP中以供利用。假定这部分能量全部用于做机械功，那么人体活动的效率最多在30%左右。静态施力时，效率显著下降，因为静态施力的结果没有可测的有用功。

表2-3所列是几种常见人体活动的效率。可以看出，在一项给定的活动中，包含的静态施力越少，人体活动的效率越高。

表2-3 常见人体活动的效率

人体活动	效率 /%
弯腰清洁地板或整理床铺	3 ～ 5
直立清洁地板或整理床铺	6 ～ 10
举重物	9
抛重物	17 ～ 20
使用重工具的手工劳动	15 ～ 20
上下楼梯	23
骑自行车	25
平地行走	27
坡地行走（5°）	30

能耗与工作负荷

在某一限度内，人体能耗与人体做功呈线性关系，所以可以把能耗作为评估工作负荷的指标。能耗的大小可以通过耗氧量求得，因为人体活动需要能量补给，而能量来自营养物质的氧化，能耗越多，人体的耗氧量也越大。燃烧1L氧相当于消耗20kJ的能。耗氧量的增加与人体活动的强度成正比，运动时的耗氧量最多可达静息时的10～20倍。

人体能耗随肌肉工作负荷的加大而增长。增长的能耗与人体静息时的能耗相比，可反映工作负荷的大小。超出人体静息时所需的能耗（相当于基础代谢）即为工作所需的能耗。表2–4所列是一些人体基本活动的能耗。

表2-4 人体基本活动的能耗

活动	坡度	负荷 /kg	速度	能耗 /（kJ/min）
坐	—	0	—	1.26
跪	—	0	—	2.09
蹲	—	0	—	2.09
站	—	0	—	2.51
弯腰	—	0	—	3.35
行走	平地	0	3km/h	7.12
	平地	0	4km/h	8.79
	崎岖	0	3km/h	21.77
	平地	10	4km/h	15.07
	平地	30	4km/h	22.19
	14°	0	11.5m/min	34.75
上楼梯	30°	0	17.2m/min	57.36
	30°	20	17.2/min	77.04
自行车	平地	0	16 km/h	21.77

前已述及，人体的能量转化为热能和机械能。工作负荷加大，人体能耗就增长，相应地，所转化的热能和机械能都会增加。所以，也可以用单位时间内人体的产热量来评估工作负荷的大小。表2–5所列是几种常见人体活动的产热量。

表2–5　常见人体活动的产热量

人体状态	平均产热量 / [kJ/（m^2•min）]
躺卧	2.73
开会	3.40
擦窗	8.30
洗衣	9.98
扫地	11.37
打排球	17.05
打篮球	24.22
踢足球	24.98

人脑的重量虽然只占人体的重量的2%，但脑组织的能耗很大。人体静息时，血液循环约有15%是在脑部。据测定，100g脑组织静息时的耗氧量为3.5ml/min（氧化的葡萄糖量为4.5mg/min），这几乎是肌肉组织静息时的耗氧量的20倍。

但另据测定，脑力活动在睡眠和在活跃时，脑组织的葡萄糖代谢率几乎没有差异。从人体活动的产热量考察，人在平静思考时，产热量的增加一般不超过4%，但在精神紧张时，由于随之出现的无意识的肌肉紧张以及刺激代谢的激素释放增多等原因，产热量可以显著增加。可见，只有在体力活动中，人体能耗才会显著增加，反言之，人体能耗只能用于评估体力活动的负荷，不能用于评估脑力活动的负荷。表2–6所列是各种常见职业的能耗。

表2–6　各种常见职业的能耗

职　业	男性 /（kJ/24h）	女性 /（kJ/24h）
书记员，钟表匠	10048 ～ 11304	8374 ～ 9420
纺织工人，卡车司机，医生	12560	10467
鞋匠，机械师，邮递员，家庭主妇	13816	11514
石匠，流水线工人，重家务劳动者	15072	12560
芭蕾舞演员，建筑木工	16328	13607
矿工，农民，伐木工，搬运工	17584 ～ 20097	—

人体活动依赖血液循环来输送糖和氧。工作负荷加大，人体各组织的能耗增长，随之血液循环的量也增加（图2-20）。血液循环依赖心脏的搏动，血液循环的量增加，意味着心脏的搏动就加快，所以心脏的搏动频率（心率）也可以用来评估工作负荷的大小。心率特别适用于评估静态施力的负荷，相比起来，耗氧量不易反映静态施力的情况。

在轻工作时，心率很快上升到某一适当水平，一直保持到工作结束。但在重工作时，心率会持续上升，当升至180次/min时，工作必须停止，因为这已近人体的耐受极限，如果继续工作，将有损人体健康，甚至危及生命。

对于健康人而言，工作时的心率不应超过静息时的心率30次/min，换言之，工作时的心率至多比静息时的心率增加30次/min。设一般人静息时的心率为60 ~ 80次/min，则其工作时的心率的极限应为90 ~ 110次/min。

图2-20　人体血液循环

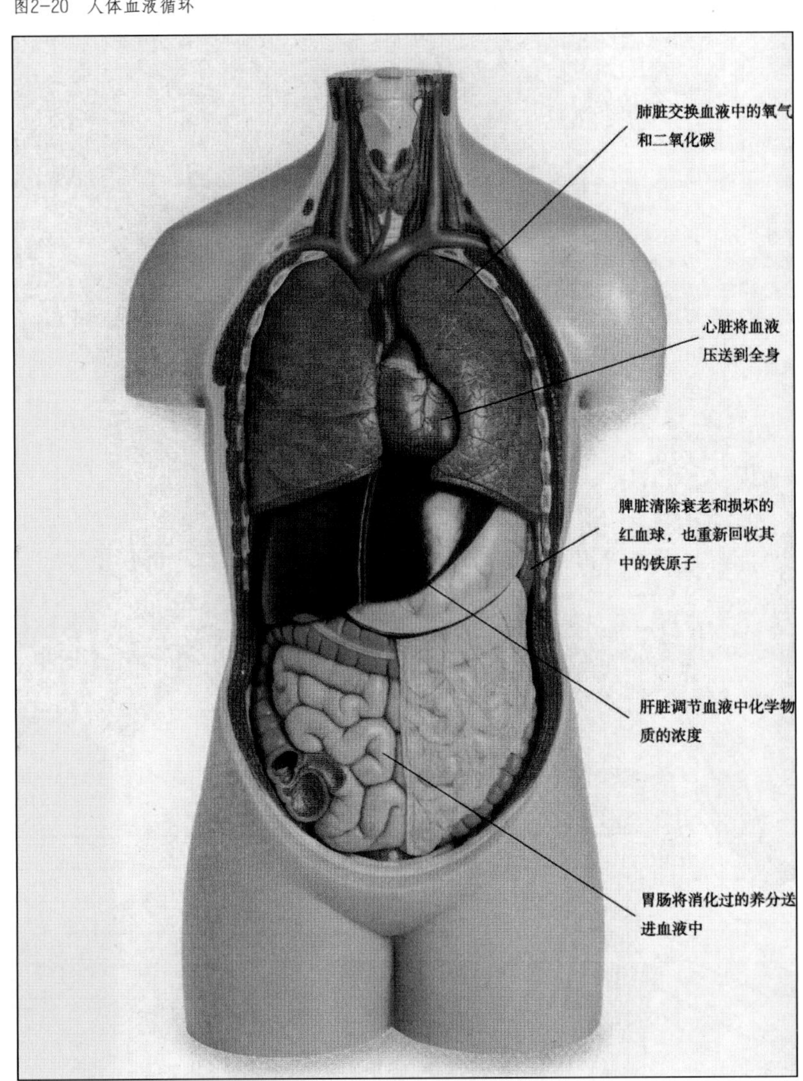

第 3 章　人体测量与人体尺寸

3.1　人体测量学概述

日常生活和工作中使用的各种设施和空间的大小，除了它们本身的构造要求外[1]，很大程度上与人身体各部分的尺寸及其活动范围相关。日常经验告诉我们，凳子的高低、桌面的大小、房间的宽窄、楼梯的缓陡等，都会直接影响使用者的舒适、健康、效率，甚至安全。餐桌太大，用餐时人手就不易从桌子中央取菜；楼梯过陡或过缓，都会让人行走时觉得累；房间太小，如果小到连张床都放不下，它就不能用作卧室；中小学课桌椅的高度不合适，不仅会影响中小学生的学习效率，而且会影响到他们的身体发育；阳台栏杆的间距过大，就有可能诱发儿童跌出栏杆外的事故发生。诸如此类的经验都说明，我们设计一个空间或一项设施时，有必要预先了解其使用者身体各部分的尺寸和肢体活动的范围，而获取这些设计参数的途径就是测量。

关于测量人体各种数据的学科就是人体测量学。狭义上，它是确定人体几何关系、人群形态特征、人体力量值的测量科学。简言之，它是研究人体尺寸和形态规律的科学。广义上，人体测量学还包括人的视力、听力等感官数据，体重、血压等生理数据，乃至人的认知领域的一些因素。1870年，比利时人奎特莱特（Quitlet）写了《人体测量学》一书，人体测量这个学科的名称由此而来，英文叫做anthropometry，由希腊语的“人”（anthropos）和“测量”（metrikos）两词构成。

人体测量的历史

人体测量及其应用的历史可以追溯到文明起步的年代。古时候，人体尺寸往往是度量的规定性因素，足长、指宽、步距等，都曾用作尺度单位。在古代埃及，床、椅、战车、海船的尺寸是用库比特（cubit，或称“腕尺”，是从肘关节到中指尖的长度）来衡量的，1库比特约等于今天的18in[2]。在中世纪，度量单位也是人体的某一部分的大小，例如坐面的高度是五个拳头或人的半条腿的长度。步（pace），最早是古罗马士兵行军时的步距，1000步是1里，1步相当于今天的2.5～3ft；英寸（inch），最早是成年男性拇指的宽度；英尺（foot），其字面意义就是“脚”，它是当时一般男性的足长；码（yard），最早是男人腰带的长度——与人的腰围直接相关，后来，12世纪时，英格兰王亨利一世规定，1yd[3]是从他的鼻尖到他手臂伸直时的拇指的距离。

在中国，《黄帝内经》（约公元前3世纪）中就有涉及人体测量的内容。黄帝在谈及人体经络的时，注意到了人个体之间的差异，他问岐伯：“夫十二经水者，其有大小、深浅、广狭、远近各不同；五脏六腑之高下、大小、受谷之多少亦不等，相应奈何？”岐伯认为人个体之间的差异是可以通过测量来认识的：“若夫八尺之士，皮肉在此，外可度量切循而得之，其死可解剖而视之。其藏之坚脆，腑之大小，穀之多少，脉之长短，血之清浊，气之多少，十二经之多血少气，与其少血多气，与其皆多血气，与其皆少血气，皆有大数。”黄帝对此有疑虑：“夫经脉之大小，血之多少，肤之厚薄，肉之坚脆及䐃之大小，可为量度乎？”岐伯回答说：“其可为度量者，取其中度也……”（经水第十二），这个判断与今天人体测量的应用原理基本吻合。

在古罗马，奥古斯（Augustus）皇帝时代的工程师维特鲁威（Vitruvius）在其经典著作《建筑十书》（De Architectura Libri Decem）中（图3-1），仔细描述了当时的人体测量结果（第三书神庙的均衡）：

> 自然按照以下所述创造了人体。即头部颜面由颚到发际线是十分之一；手掌由关节到中指端部是同量；头部由颚到顶是八分之一；由包括颈根在内的胸腔到发际线是十六分之一；由胸部中央到头顶是四分之一。颜面本身高度的三分之一是由颚的下端到鼻的下端；鼻由鼻孔下端到两眉之间的长度是同量；颚由这一界线到发际线同样是三分之一。脚是身长的六分之一；臂是四分之一；胸部同样是四分之一……

---

[1] 例如房屋楼板的厚度，当楼板为钢筋混凝土现浇单跨简支单向板时，其厚度至少是跨度的三十分之一，且不小于70mm。这是这种结构正常工作应满足的几何条件，与人体因素无关。

[2] 1in=25.4mm。

[3] 1yd=3ft=36in≈0.914m。

> 在人体中自然的中心点是肚脐。因为如果人把手脚张开，作仰卧姿势，把圆规尖端放在他的肚脐上作圆时，两方的手指、脚趾就会与圆相接触。不仅可以在人体中这样地画出圆形，而且还可以在人体中画出方形。即如果由脚底量到头顶，并把这一计量移到张开的两手，那么就会高宽相等，恰似地面依靠直尺确定成方形一样。

后来，15世纪末的时候，达·芬奇（Da Vinci）将这段话绘成了图，这就是《维特鲁威人》（Homo Vitruvianus，图3-2）。

20世纪以前，人体测量主要是围绕视觉形象的设计以及人类学、解剖学的研究而进行的。例如，前文述及的维特鲁威，他在谈到庙宇的设计时说（第三节神庙的均衡）：

> 神庙的布置由均衡来决定。……与姿态漂亮的人体相似，要有正确分配的肢体。从人的肢体如指、掌、脚、臂中收集一切建筑似乎必要的计量尺寸，把他们分配成希腊人称作忒勒伊翁的完全数。

图3-1　《建筑十书》

图3-2　维特鲁威人

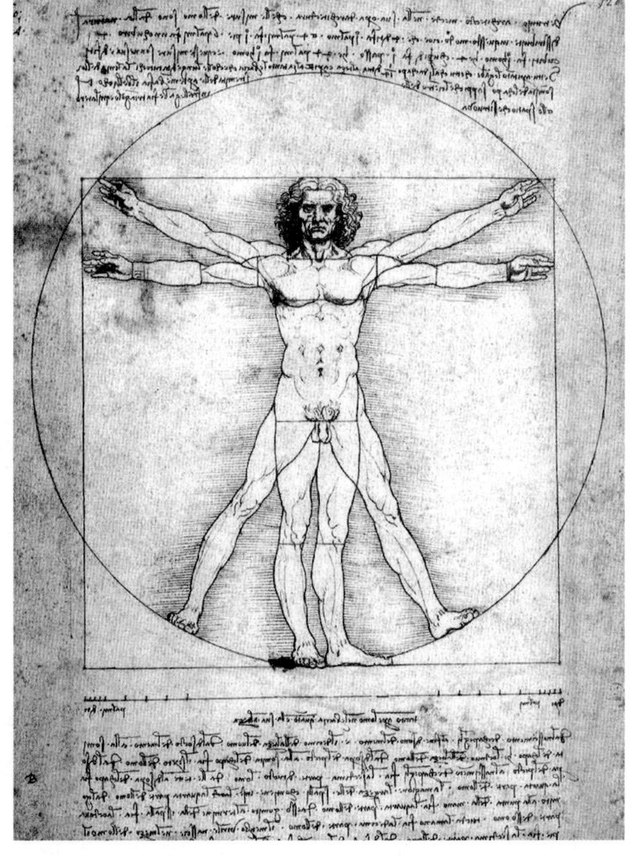

20世纪以后，为适应工业发展的需要，人们对人体测量有了新的认识，测量结果随之更多地用到了管理和设计领域。

第一次世界大战前后，各国军事部门开始采集人体数据以用于军事目的。1919年，美国曾对10万军人做了身体测量，目的是为军服生产提供参考。第二次世界大战前后，工程师和建筑师已有了某些具体的设计指南，诸如登梯所需空间的大小、维修孔的大小、用餐空间的大小等，这些尺寸都是基于普通人的体型而确定的。美国农业部与公共事业振兴署（WPA）也曾一道做过人体测量的工作，测量时参考了当时服装的尺寸。但此类数据和测量结果对于指导设计而言意义不大，因为设计工作需要的是具体某个人的准确数据或某个群体的数据及其统计。

要从庞大的人群中采集“大数据”需要大量人力和设备的投入，对于一般研究者而言这是相当困难的，尤其是要得到一个地区甚至一个国家的普遍性资料时，困难就更大。早期大量性的人体测量资料都来自各国的军事部门，因为只有在军中才便于开展集中、统一、大量性的调查。但军中调查的结果有明显的偏移，不具备社会的普遍意义，因为测量对象在年龄、性别、身材条件上都是有局限的——都是年轻、健康的男性，女性基本不在考虑之列。

第二次世界大战期间，亨利•德雷夫斯（Henry Dreyfuss）公司开始为民用项目的设计制定人体测量标准。虽然数据采自非军事领域，但结果仍有偏移，因为这些非军事领域的数据大部分出自军事部门的资料。这样的数据用于消费品的设计是有缺陷的。在Henry Dreyfuss公司研发出人体测量系统之前，建筑师的工作全凭经验，例如，桌面高度是想当然的30in。这样的方法应付简单设施的设计尚且可行，但用于稍复杂的项目——例如汽车的设计——就行不通了。

第二次世界大战后，美国政府部门和民间机构都做过人体调查。20世纪60年代，美国卫生部、教育部和福利部门在全国范围做了一次系统的数据采集，出版了《体重、身高与成人身体尺寸选》（Weight, Height, and Selected Body Dimensions of Adults）。这次测量的对象是18~79岁的国民，但样本较军中调查的要小得多——人数是7500人。20世纪70年代，美国汽车工程师协会（the Society of Automotive Engineers）做了一次人体调查，对象是从2个月大的婴儿到18岁青年。80年代，当老年人口增长明显时，美国又做了老年人的身体测量。

在中国，1962年中国建筑科学研究院发表了《人体尺度研究》，其中中国人的身高值是参考了250万人的资料，调查统计了25000人所得的数据，人体各部分的尺寸是由实际测量665个不同身高的正常成年人后求得的平均尺寸。该调查结果的一部分被收录在《建筑设计资料集》[1]里沿用至今。

20世纪80年代末，中国人类工效学标准化技术委员会在国家技术监督局的支持下，在全国范围内开展了人体测量工作，足迹踏遍十多个省市，测量了逾万人，于1988年12月颁布《中国成年人人体尺寸》（GB 1000－88），于1991年6月颁布《在产品设计中应用人体尺寸百分位数的通则》（GB/T 12985－91），又于1992年6月颁布《工作空间人体尺寸》（GB/T 13547－92）等国家标准。

---

[1] 中国建筑工业出版社1994年出版的《建筑设计资料集》（第二版）中所列的人体尺寸沿用了该社1973年出版的《建筑设计资料集》的内容。

人体测量的种类

人体测量有静态与动态之分。静态人体测量是被测者处于静止状态时所做的测量，动态人体测量是被测者处于运动状态时所做的测量。静态测量所得的数据是人体的静态尺寸，也叫做人体构造尺寸，多用于家具、服装、手动工具等的设计。动态测量所得的数据是人体的动态尺寸，也叫做人体功能尺寸，多用于与人体活动相关的设施与空间的设计，例如工作面的大小、房间的宽窄等。

人体测量的内容

人体测量的内容有形态测量、生理测量、运动测量三方面的内容。本章介绍人体的形态测量和一部分运动测量的结果。

(1) 形态测量

人体的形态测量以采集人体各部分的尺寸为目的，它与人体解剖学密切相关，主要内容有人体长度、廓径、表面积、体积、体重的测量，还有人体体型（高、矮、胖、瘦等）的确定。

(2) 生理测量

人体的生理测量以获取人体各项生理指标为目的，它与人类生理学直接相关，主要内容有皮肤温度、出汗量、血压、心率、耗氧量等的测定，还有肌肉力量、反应时间等的测量。生理测量的结果常用于人体运动能力、疲劳感觉、生理耐受极限等的研究。

(3) 运动测量

人体的运动测量以了解人肢体的活动范围为目的，它与劳动内容和劳动过程相关，主要内容有人体动作范围、动作过程、体形变化等的记录。

3.2 人体测量的方法

测量姿势

为使测量结果有可比性，做静态测量时，被测者必须保持一定的标准姿势，最常采用的姿势是立姿和坐姿，《用于技术设计的人体测量基础项目》（GB/T 5073－2010）对此有如下的定义。

立姿：被测者挺胸直立，两眼平视前方，肩部松弛，上肢自然下垂，手伸直并轻贴体侧，膝关节自然伸直，两足跟并拢，两足尖分开呈45° 夹角，被测者的足跟、臀部、后背应保持在同一铅垂面内。

坐姿：被测者挺胸坐于腓骨头高度的平面上，两眼平视前方，左右大腿基本平行，膝弯成直角，足平置地面上，手轻放大腿上，被测者的臀部、后背应保持在同一铅垂面内。

测量时，立姿时的地面或坐姿时的坐面都应是水平的、稳固的、不可压缩的。被测者应裸体或着少量内衣。

基准面与基准轴

人体测量的基准面有矢状面、冠状面、水平面。这3个面的相互位置关系由相互垂直的3个轴——铅垂轴（*Z*）、纵轴（*X*）、横轴（*Y*）——确定。

通过铅垂轴和纵轴的平面及与其平行的所有平面叫做矢状面。通过人体中线的矢状面叫做正中矢状面。正中矢状面将人体分成左、右对称的两个部分。通过铅垂轴和横轴的平面及与其平行的所有平面叫做冠状面。冠状面将人体分成前、后两部分。与矢状面和冠状面同时垂直的所有平面叫做横断面，亦名水平面。横断面将人体分成上、下两部分。

通过各关节中心并垂直于水平面的所有轴叫做铅垂轴（*Z*）。通过各关节中心并垂直于冠状面的所有轴叫做纵轴（*X*），也称矢状轴。通过各关节中心并垂直于矢状面的所有轴叫做横轴（*Y*），也称冠状轴（图3–3）。

方位与方向

设将人体置于长方体中，长方体的6个面即为人体的6个方位：前面、后面、左面、右面、上面、下面。

人体方向是基于人体方位确定的，人体方向用语规定采用解剖学术语。人体测量方向有静体位与动体位之分（图3-4～图3-6）。

测点

测点是测量项目实施的基础。测点分为头部测点和躯干四肢测点两个部分，分别见图3-7～图3-10、表3-1和表3-2。

图3-3　人体测量基准面与基准轴

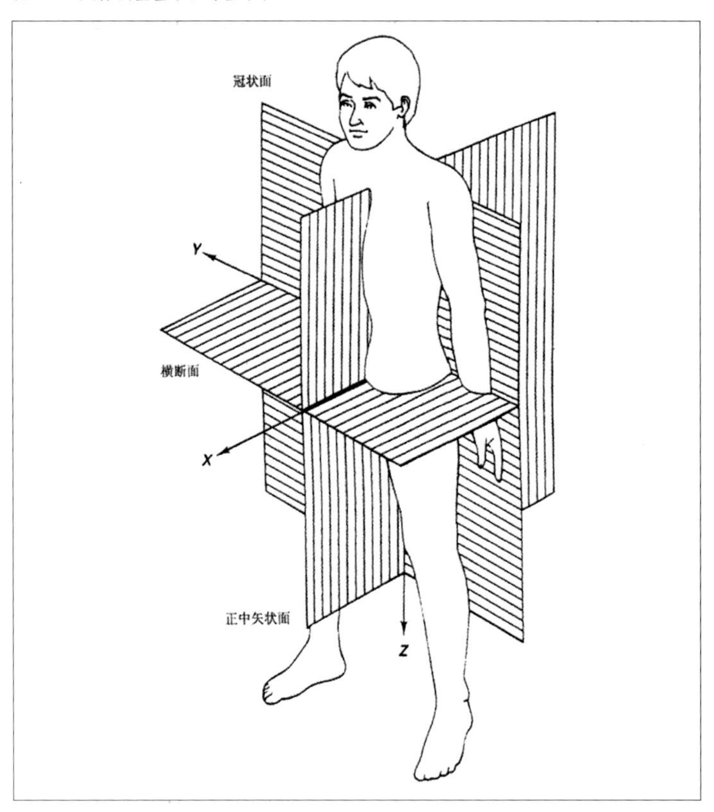

图3-6　人体测量方向（动体位）

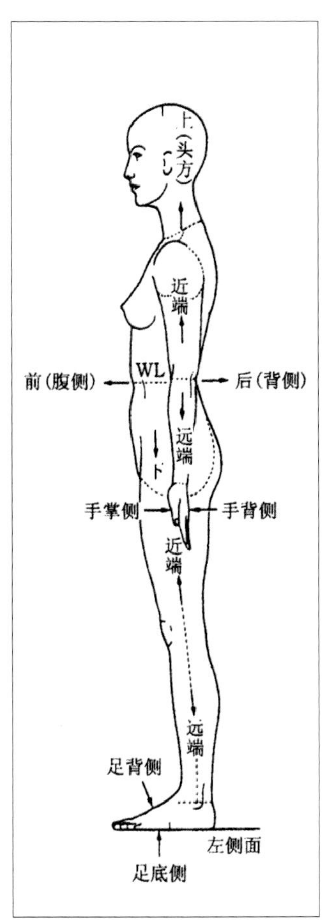

图3-5　人体测量方向（静体位冠状面投影）

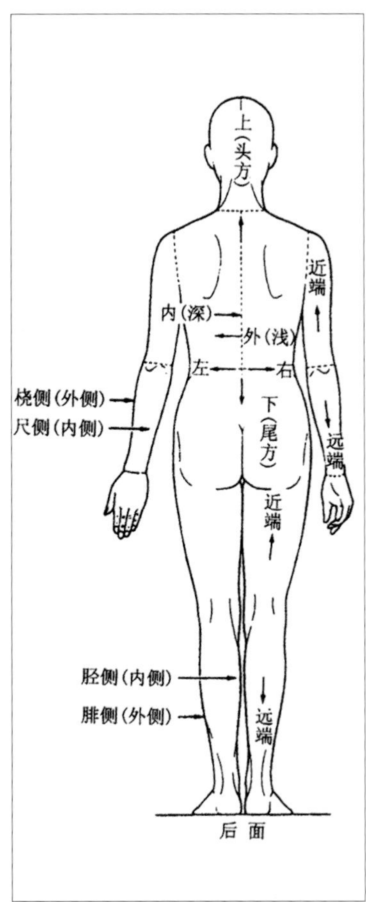

图3-4　人体测量方向（静体位矢状面投影）

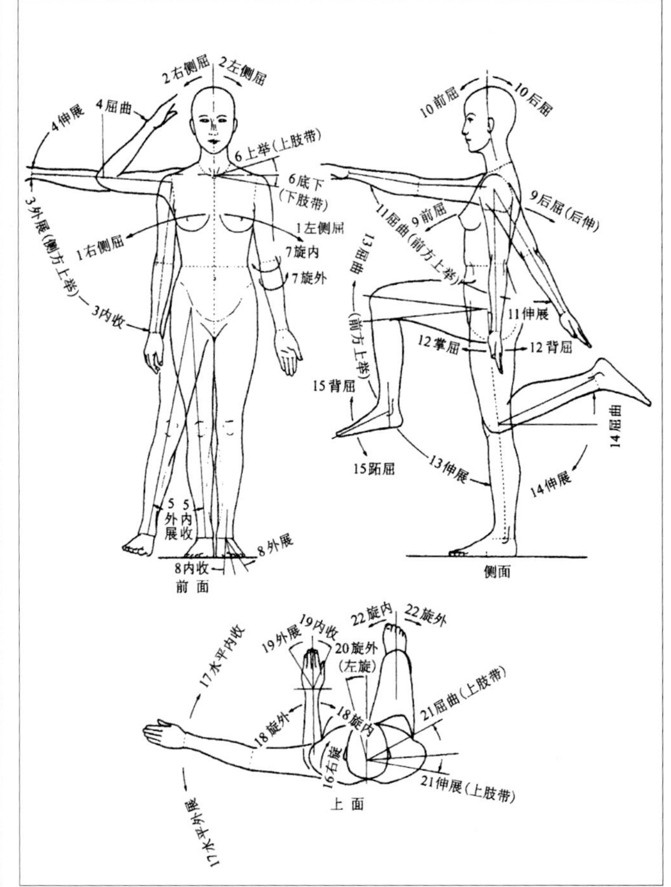

图3-7 人体头部测点图（矢状面投影）

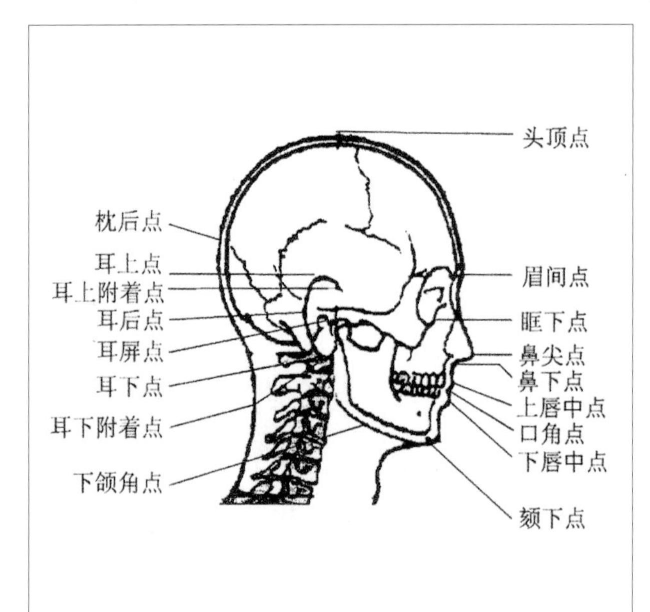

图3-8 人体头部测点图（冠状面投影）

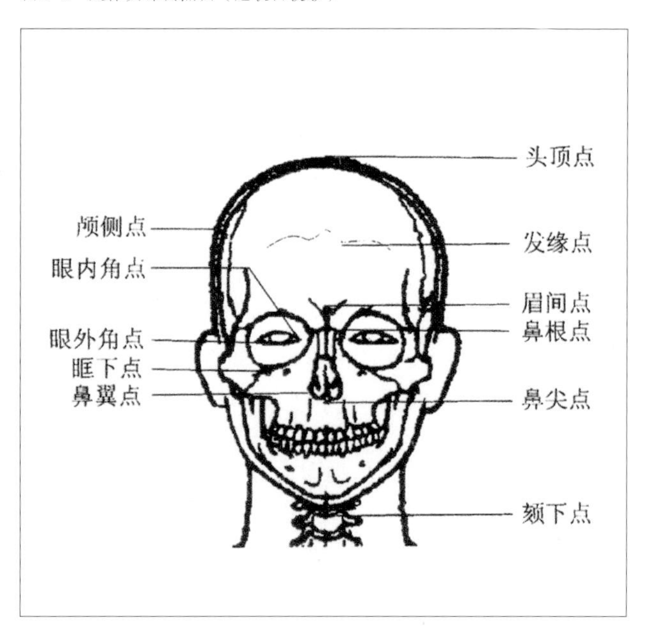

表3-1 人体头部测点

测　点	定　义
头顶点	头顶部正中矢平面上的最高点
眉间点	位于鼻根与两眉之间的眉间正中线上，从侧面看，最向前凸出的点
后头点（枕后尖）	正骨部的正中矢状平面上里眉间点最远的点
耳屏点	耳屏软骨部上缘，耳轮脚基部向颅侧皮肤过渡的点
颅侧点（侧颅骨）	颅侧部最向外凸出的点
鼻根点	额骨的鼻额缝与正中矢状平面的交点
鼻下点	鼻中隔下缘向上唇皮肤过渡的点
鼻尖点	鼻尖上，最向前凸出点
上唇中点	上唇中，黏膜缘最高点的水平线与正中矢状面的交点
下唇中点	下唇中，黏膜缘最高点的水平线与正中矢状面的交点
颏下点	下缘上，正中矢状面上最低点
眼内角点	眼裂内角上，上下眼睑缘相接的点
眼外角点	眼裂外角上，上下眼睑缘相接的点
眶下点	眼眶下缘最低点
鼻翼点	鼻翼向外凸出的一点
口角点	口裂外角上，上下唇黏膜缘交点
颈侧点	下颈外侧缘上，向后下方最凸出的点
耳后点	耳轮最向后凸出点
耳上点	耳轮上缘最高点
耳下点	耳垂最低点

图3-9　人体躯干四肢测点图（矢状面投影）

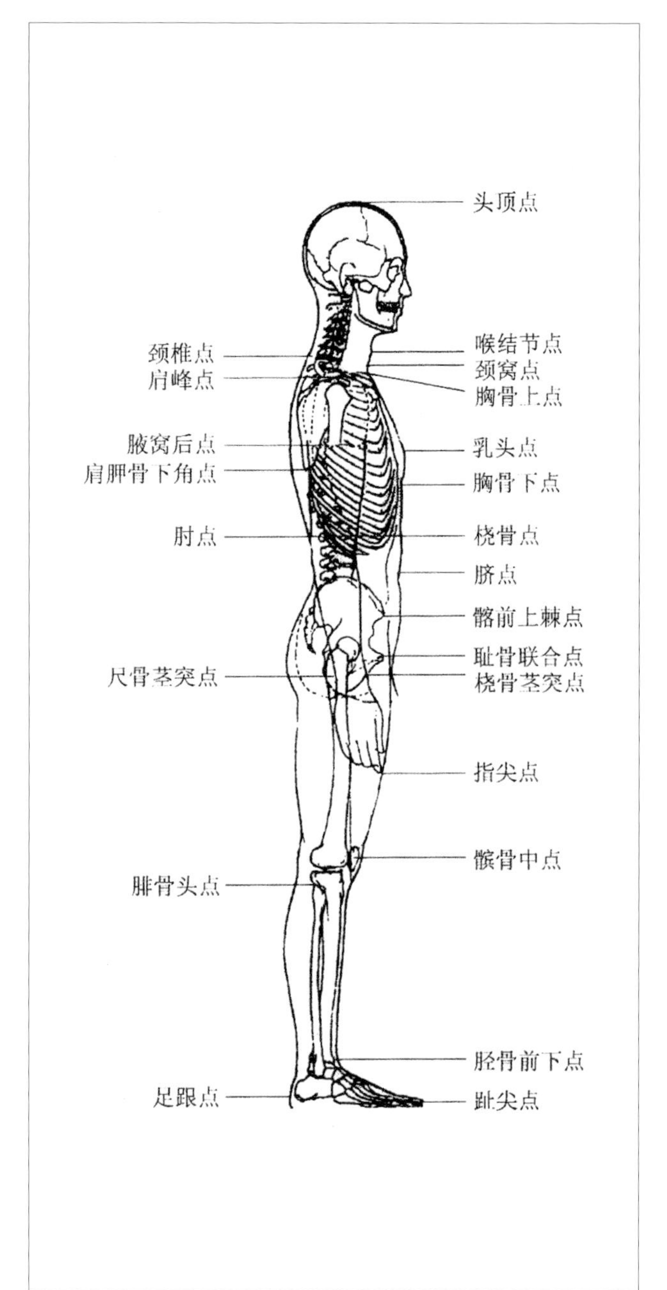

图3-10　人体躯干四肢测点图（冠状面投影）

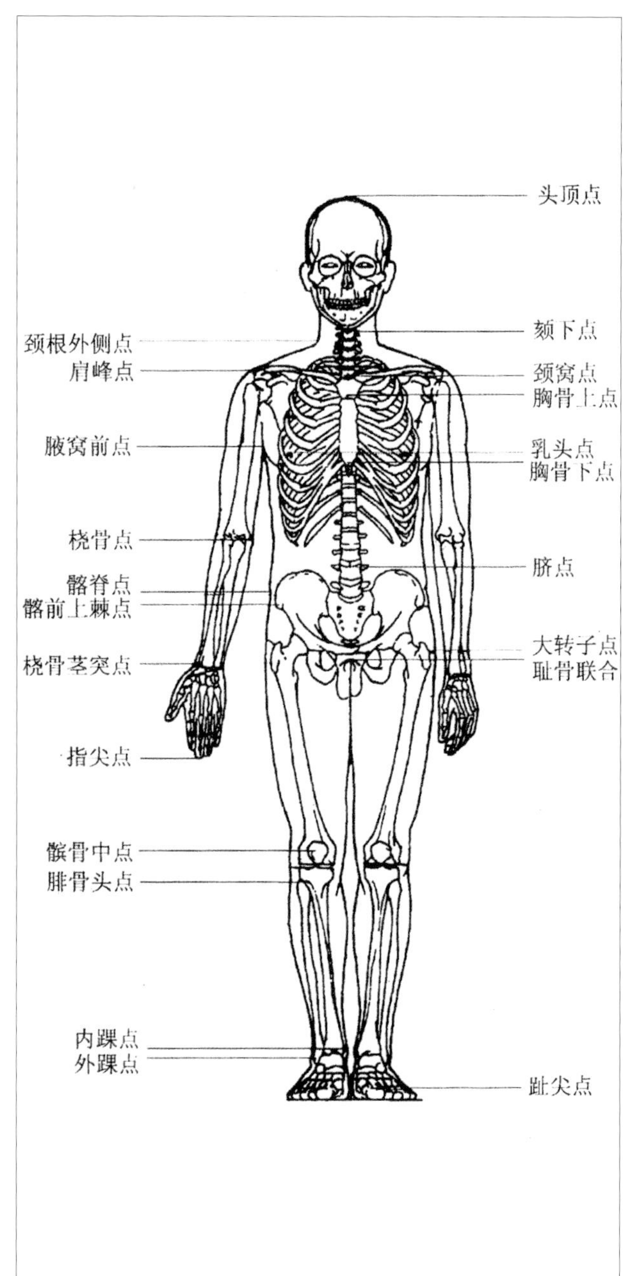

表3-2 人体躯干四肢测点

测　点	定　　义
颈窝点	连接左右锁骨的胸骨上缘的直线与正中央矢状面的交点
乳头点	乳头的中心点
脐点（腰围线）	脐的中心点
颈椎点	第七颈椎棘突出尖端点
颈根外侧点	颈外侧部位，连接颈窝点和颈椎点的曲线中点与斜方肌前缘的交点
肩峰点	肩胛骨肩峰外侧缘上，最向外凸出的点
腋窝前点	腋窝前裂上，胸大肌附着出的最下端点
腋窝后点（臂根点）	腋窝后裂上，大圆肌附着出的最下端点
肩胛骨下角点	肩胛骨下角最下端点
桡骨点	桡骨小头上缘的最上端点
肘点	尺骨肘端的肘窝的对侧上最凸出点
桡骨茎突点	桡骨茎突的最下端点
尺骨茎突点	尺骨茎突的最下端点
指尖点	手的中指指尖端最向下点
大转子点	股骨大转子的最高点
膑骨中点	膑骨上，下端连线的中点
腓骨头点	腓骨头最想外凸出点
胫骨前下点	胫骨下端最前缘点
内裸点	胫骨内裸最下端点
外裸点	胫骨外裸最下端点
足跟点	跟骨粗隆上最向后方凸出的点
足尖点	离足跟点最远的足趾间端点

测量方法

人体测量的方法有两种：接触测量和非接触测量。

接触测量即传统的手工测量。手工测量的工具主要有软尺、测距仪、角度计、截面测量仪等。手工测量的优点是设备简单，缺点是测量速度慢且测量结果易受人的主观因素的影响。

非接触测量是应用计算机和其他复杂设备的测量，可较快获取大量数据。常见的方法有穿透式图像重建系统、投影式图像重建系统、反射测距技术、三角测量技术、莫尔条纹法、四步移相干涉相位测量法、TC2分层轮廓测量法等。

医学检查所用的X光、CT、核磁共振这3种方法都属于穿透式图像重建系统，它们的主要缺陷是对人体有害。

测量精度

测量值的读数精度，线性测量项目为1mm，体重为0.5kg。

3.3　人体测量的项目

人体测量的项目是按实际需要设定的，不同用途所要求测量的项目不尽相同。常用的项目可归纳为立姿、坐姿、头部、手足4个方面。

立姿测量项目

表3-3所列是立姿测量项目，共计15项。

表3-3　立姿测量项目

测量项目	定　义	测量方法
中指尖点上举高	上肢垂直上举，中指尖至地面的差距	被测者双脚并拢挺身直立
双臂功能上举高	两臂向上最大限度伸展，伸手握测棒至地面的垂距	被测者双脚并拢挺身直立，手握水平测棒
身高	头顶至地面的垂直距离	被测者双脚并拢挺身直立，头部保持眼耳平面
眼高	眼内角点至地面的垂直距离	被测者双脚并拢挺身直立，头部保持眼耳平面
肩高	肩峰点至地面的垂直距离	双脚并拢挺身直立
胸厚	在乳头点高度上，躯干最突出点之间平行于矢状面的水平直线距离	被测者脚跟，臀部和背部贴墙，墙面至吸气时胸部突出点距离
肘高	上肢自然下垂，前臂水平前伸，手掌朝向内侧，从肘部的最下点至地面的垂直距离	被测者双足并拢挺身直立
会阴高	会阴点至地面的垂直距离	测量仪置大腿内侧与阴部之间，上推活动臂至耻骨处受阻为止
手功能高	上肢自然下垂由测棒至地面的垂直距离	被测者双脚并拢直立，臂下垂，手握测棒保持水平
胫骨点高	从胫骨点至地面的垂直距离	测量仪活动臂放于右大腿内侧，上移活动臂至胫骨点
最大肩宽	在三角肌部位上，上臂向外最突出部位间的横向水平直线距离	被测者直立，双肩后收，横向测量
上臂长	肩峰至桡骨点的直线距离	–
前臂长	桡骨点至桡骨茎突点的直线距离	–
大腿长	髂前上棘点至胫骨点的直线距离	–
小腿长	胫骨点至内裸点的直线距离	–

坐姿测量项目

表3-4所列是坐姿测量项目，共计14项。

头部测量项目

表3-5所列是头部测量项目，共计7项。

手足测量项目

表3-6所列是手足测量项目，共计7项。

表3-4 坐姿测量项目

测量项目	定 义	测量方法
坐高	头顶点至坐面的垂直距离	被测者双脚并拢坐稳，小腿自由下垂，上身挺直，头部保持眼耳平面
坐姿眼高	眼内角至坐面的垂直距离	被测者双脚并拢坐稳，小腿自由下垂，上身挺直，头部保持眼耳平面
坐姿肩高	肩峰点至坐面的垂直距离	被测者大腿并拢坐稳，小腿自由下垂，上身挺直
坐姿肘高	屈臂时，肘关节最低点至坐面的垂直距离	上臂自然下垂，前臂水平与上臂成直角，手掌朝向内侧
坐姿膝高	膝盖骨上表面至地面的垂直距离	大腿与小腿成直角，小腿与地面成直角
小腿加足高	膝弯曲成直角，膝腘处大腿下表面至地面的垂直距离	大腿与小腿成直角，小腿与地面成直角
两肘间宽	双肘外侧间的最大水平直线距离	上臂自由下垂轻触体侧，前臂保持水平，测量时不向肘部施加压力
坐姿臀宽	臀部外侧间的最大水平直线距离	大腿并拢坐稳，小腿自然下垂，膝相抵，测量时不向臀部施加压力
上肢前伸长	上肢向前水平伸展，背部后缘至中指尖的水平直线距离	被测者坐正，臀部，背部贴墙，手臂最大限度在水平方向伸展
上肢功能前伸	上肢向前水平伸展，背部后缘至手握测棒水平直线距离	被测者坐正，臀部，背部贴墙，手臂最大限度在水平方向伸展
前臂加手前伸	上臂和前臂成直角，上臂后侧至手握测棒水平直线距离	上臂下垂与前臂成直角，手握测棒坐正，测棒纵轴朝上
坐深	臀部后缘至膝腘部的水平直线距离	大腿并拢，坐面边缘抵膝腘，小腿自由下垂，测块移至臀部后缘，向坐面垂直投影
臀膝距	膝前缘至臀部后缘的水平直线距离	大腿并拢，坐面边缘抵膝腘，小腿自由下垂，测块移至臀部后缘，向坐面垂直投影
坐姿下肢长	足根掌面至臀后缘的水平直线距离	大腿并拢，左小腿自由下垂，右腿水平前伸测块移至臀部后缘，测块至足根掌面的距离

表3-5 头部测量项目

测量项目	定 义	测量方法
头最大宽	左、右颅测点之间的直线距离	耳上方头部冠状面的最大宽度
瞳孔间距	两眼瞳孔中点间的距离	被测者头部保持眼耳平面，双目平视远方
头最大长	眉间点至枕后点的直线距离	用弯角规测两点间的距离
头全高	头顶与颏下最低点的投影距离	被测者坐正或直立，头部保持眼耳平面
头冠状弧	从一侧耳屏点经头顶点至另一侧耳屏点的弧	卷尺经两耳屏点与头顶点，连头发一起测量
头矢状弧	在正中矢面上从眉间点至枕外隆凸点的弧长	卷尺从眉间点经头盖骨至枕外隆凸点，连头发一起测量
头围	从眉间点起，经枕后点至起点的围长	卷尺置眉间点，经头后最突出点绕回，连头发一起测量

表3-6 手足测量项目

测量项目	定 义	测量方法
手长	中指尖至 远侧桡腕关节纹中点的距离	被测者前臂抬平，手伸直， 远侧桡腕关节纹测点相当于腕关节褶皱中点
手宽	桡侧掌骨点至 尺侧掌骨点的直线距离	被测者前臂抬平，手伸直， 远侧桡腕关节纹测点相当于腕关节褶皱中点
手握围	手握圆锥体时食指和 拇指围成的圆环内径	被测者手握测锥，小指在锥尖一侧， 四指尖轻触掌心，拇指可自由活动
足长	脚跟后侧至脚尖与 脚纵轴平行的最大距离	被测者站立，体重均分于双脚上 （脚自由抬起时的尺寸会略小）
足宽	脚底两侧间的最大距离	被测者站立，体重均分于双脚上 （脚自由抬起时的尺寸会略小）
足后跟宽	脚跟两侧间的最大距离	被测者站立，体重均分于双脚上 （脚自由抬起时的尺寸会略小）
足围	以胫侧跖骨为起点，经足背 腓侧跖骨点和足底至起点的围长	被测者坐正，右腿自然前伸

3.4　人体数据的处理

数据的特征

一项产品或一个环境，可以是为个别人或小部分人专门设计、营造的，即所谓“量身定做”，但更多的情况是，建筑师的工作是为“群众”提供专业知识服务，所以，他采用的设计参数应当符合大多数人的身体特征。世界上迄今没有过两个完全相同的人，人作为一个集合，其中各个元素的特性千差万别，人体测量的结果也就表现为多样性、变化性和复杂性。要从成百上千项测量结果中选择适当者作为设计参数，就需要对测量的结果做某种程度的标准化处理，这是人体测量的数据应用于工程设计的前提。

人体测量学采用统计方法处理测量的结果。静态人体测量的各组数据大多符合统计规律，即测量值呈正态分布。分布是一个统计学的概念，指测量项目的各个值的出现频率。例如，测量身高可以获得一组身高数据，然后以身高数据为横坐标（由零点向右增大）、以各身高数据出现的频率为纵坐标（由零点向上增大）绘成图形，就可得出身高测量值的频率分布曲线（图3-11）。

图3-11　人体数据（身高）的统计特征

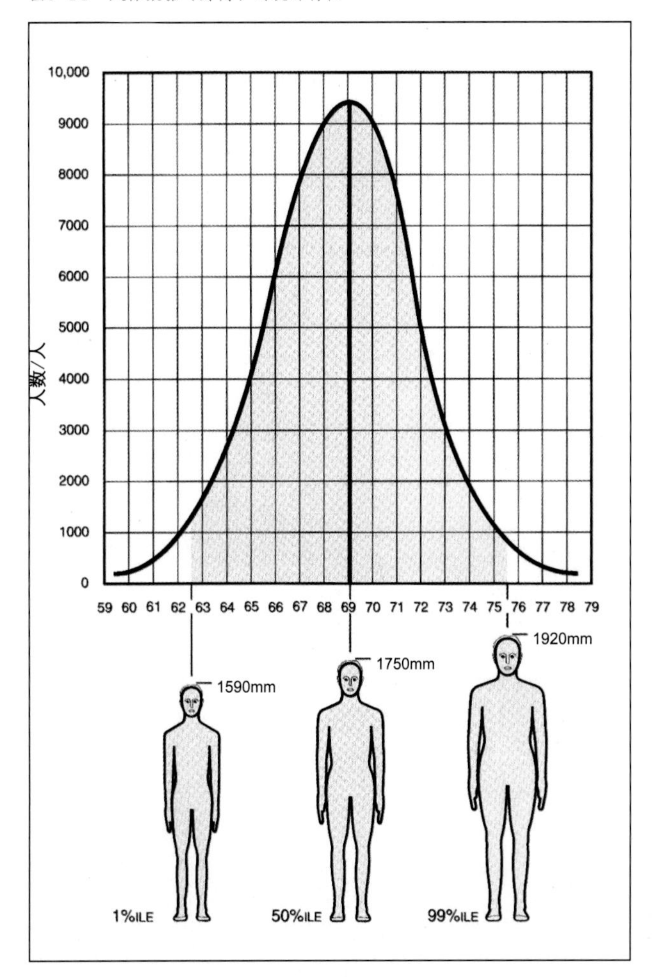

符合正态分布的数据组其平均数、中位数、众数之间是相符的。平均数是全部数据的算术平均；中位数是将各个数据按大小依次排列后，处在正中间位置的那个数据（奇数列），或中间两个数据的算术平均（偶数列）；众数是在一组数据中出现次数最多的数据。正态分布的数学描述一般只涉及两个变量：平均数u（μ）和标准差（σ）。平均数表示分布的集中趋势，标准差表示分布的离中趋势。

有些人体测量的结果不呈正态分布，臀宽、坐深、腹凸的统计曲线是不对称的，其峰值有偏移。此时，这些数据组的平均数、中位数、众数之间是不相符的。

另外，人体测量的某一项目的值未必与另一项目的值相关。例如，一个小个子女性也许有很大的臀宽。当以所谓“平均人”为参考时，这点尤其值得注意。

处理人体测量的数据时，应考虑样本的大小。理想的结果是对设计服务对象的全体做测量和统计，但现实中往往“全体”太大、太多，甚至不可能得到，于是人体测量只能抽取“全体”中有代表性的一部分进行，这个有代表性的一部分即所谓“样本”。样本越大，统计结果越准确、有效。当然，在实际工作中，样本的大小是视具体情况而定的。

满足度与百分位

为“群众”所做的设计不可能满足所有的人的使用要求，一般只能按一部分人的人体数据来设计，这部分人占测量样本总体的百分比叫做满足度，亦名适应域。例如，某项设计对身高的考虑是满足测量样本总体的90%，则该设计的满足度为90%，余下10%的人就不能满足。这余下的10%中包括5%更高的人和5%更矮的人。

满足度可用百分位（percentile）来表示，90%的满足度可表示为从第5百分位至第95百分位。把数据组从最小到最大按序排列，然后用100个点位均分之，每一个点位即一个百分位。百分位用符号P_k表示。P代表“percentile”，k代表点位。第k百分位表示有k%的测量值小于等于该点位的值，有（100 − k）%的测量值大于该点位的值。再以身高为例：第5百分位的尺寸表示有5%的人身高小于等于这个尺寸，即有95%的人身高大于这个尺寸；第95百分位表示有95%的人身高小于等于这个尺寸，即有5%的人具有更高的身高。第50百分位是中点，表示把一组数平分成两组：较大的50%和较小的50%。

第50百分位的数值接近平均数，但不能理解为有所谓的“平均人”。第50百分位只说明所选择的某一项人体尺寸有50%的人适用。美国曾做过一次4000名空军人员的人体测量，结果显示，有2项尺寸是平均数的占7%，有3项尺寸是平均数的占3%，有4项尺寸是平均数的少于2%。可见，所谓“平均人”实际上是不存在的。

百分位的应用有两点要注意：一是人体测量的每一个百分位数值，只表示某项人体尺寸，例如，身高的第50百分位只表示身高，不表示身体其他部分的测量值；二是绝对没有一个各项人体尺寸同时处于同一百分位的人。

满足度、百分位与平均数、标准差是相关的。如果已知某个分布的平均数和标准差，就可以计算出满足度或百分位数。以95%和90%的满足度为例：

95%满足度（即$P2.5 \sim P97.5$）$=\mu \pm 1.95\sigma$

90%满足度（即$P5 \sim P95$）$=\mu \pm 1.65\sigma$

如果平均身高μ为1720mm，标准差为72.7mm，则90%的满足度为：$1720 \pm 1.65 \times 72.7 = (1720 \pm 120)$ mm，则90%满足度的身高范围是1680 ~ 1840mm。表3-7列出了由平均数和标准差估算的百分位方法。

表3-7　百分位估计用表

百分位	包括百分比 /%
99.9 = 平均数 + (3×*SD*)	99.8
99.5 = 平均数 + (2.576×*SD*)	99
99 = 平均数 + (2.326×*SD*)	98
97.5 = 平均数 + (1.95×*SD*)	95
97 = 平均数 + (1.88×*SD*)	94
95 = 平均数 + (1.65×*SD*)	90
90 = 平均数 + (1.28×*SD*)	80
85 = 平均数 + (1.28×*SD*)	70
80 = 平均数 + (0.84×*SD*)	60
75 = 平均数 + (0.67×*SD*)	50
50 = 平均数	–
25 = 平均数 − (0.67×*SD*)	50
20 = 平均数 − (0.84×*SD*)	60
15 = 平均数 − (1.04×*SD*)	70
10 = 平均数 − (1.28×*SD*)	80
5 = 平均数 − (1.65×*SD*)	90
3 = 平均数 − (1.88×*SD*)	94
2.5 = 平均数 − (1.95×*SD*)	95
1 = 平均数 − (2.326×*SD*)	98
0.5 = 平均数 − (2.576×*SD*)	99
0.1 = 平均数 − (3×*SD*)	99.8

表中，*SD*代表标准差（standard deviation），标准差可由下述公式求出：

$$SD=\sqrt{\frac{\sum d^2}{N}}$$

式中，*d*为个体测量值与平均数之差；N为被测个体的数目。

图3-12和图3-13所示的分别是环境设计通常择取的中国成年男性和女性身高范围。

图3-12 环境设计中考虑的中国成年男性身高范围

图3-13 环境设计中考虑的中国成年女性身高范围

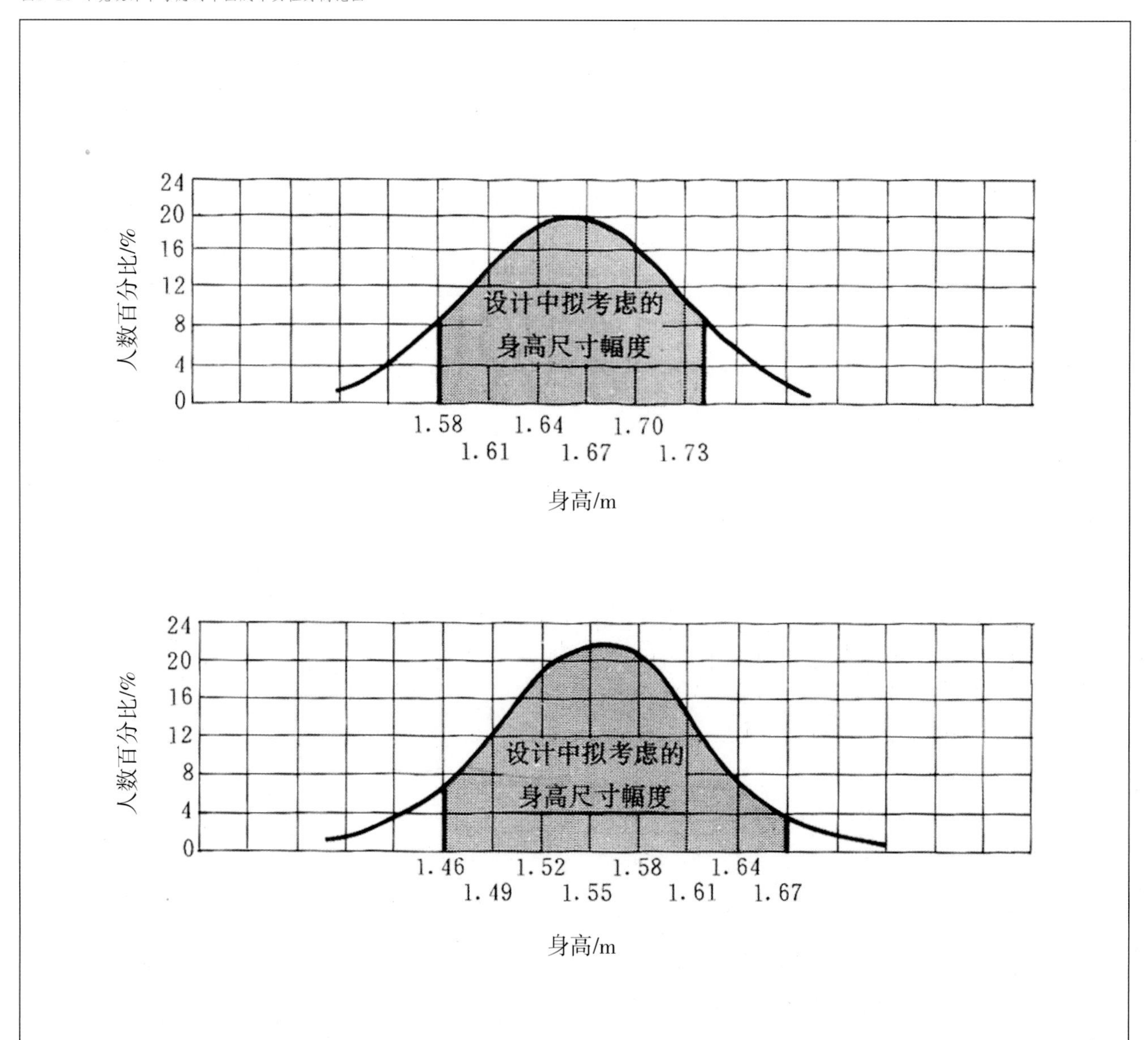

数据的修正

某些测量标准所要求的测量条件与实际情况有出入，例如，《中国成年人人体尺寸》（GB 1000—88）的数据均为裸体测量值，设计时采用这样的数据，应当考虑人穿鞋引起的身高变化和着衣引起的围度变化。其次，静态人体测量值是基于测量标准所要求的非自然姿势获得的，人在正常活动时，躯干处于自然放松的姿势。因此，设计时要适当“修正”人体测量值，通常考虑3个修正量：穿鞋、衣着、姿势。

（1）穿鞋修正量

身高、立姿眼高、立姿肩高、立姿肘高男性加20 mm，女性加25mm。

（2）着衣修正量

坐高、坐姿眼高、坐姿肩高、坐姿肘高各加6mm；胸厚加10mm；臀膝距加20mm。

（3）姿势修正量

身高、立姿眼高减10mm；坐高、坐姿眼高减44mm。

3.5　人体尺寸

人体尺寸的分类

人体尺寸是人体所占的三维空间的大小，它包括人的身高、肩宽、身体厚度、四肢长短等一系列数据。人体尺寸是决定设备和空间尺寸的关键因素。

人体尺寸有两类：一类是构造尺寸，也叫做静态尺寸；二类是功能尺寸，也叫做动态尺寸。

人体构造尺寸是人体各部分本身的大小，它的研究与人体解剖学密切相关。人体构造尺寸主要用于与人体直接接触的设施或装备的设计，例如家具、服装、手动工具等。

人体功能尺寸是人肢体活动范围的大小。它不仅决定于人体的构造，例如人体关节活动的极限角度，还与人的运动素质之一——肢体的柔韧性相关。身体柔韧性好的人，其肢体的活动范围较身体柔韧性差的人更大。人体功能尺寸主要用于与人体活动相关的设备与空间的设计，例如工作面的大小、房间的宽窄等。

功能尺寸的用途较构造尺寸的用途广泛。因为运动是人体的常态——即便在睡觉时，人仍会有翻身的动作——而人在运动时其肢体的活动范围完全不同于其构造尺寸。例如，人伸手取物时，其指、掌、臂、肩、背、腰各部分会协调工作，导致人手所能触及的范围远超其臂长。再如，人在自然行走时所占用的空间宽度不等于人的肩宽，而是大于肩宽，因为人在自然行走时需要摆动两臂来保持平衡，所以，人在自然行走时的舒适空间宽度至少是人的肩宽加上其两臂的摆幅。人还可以通过提高自身的运动能力来扩大肢体的活动范围。因此，设计某一具体设施或某一具体环境时，仅考虑人体的构造尺寸是不够的，应该更多地考虑人肢体的活动范围，甚至还应考虑具体服务对象的运动能力。图3-14和图3-15分别显示了按人体构造尺寸和按人体功能尺寸设计的汽车驾驶空间的差异。

图3-14　按人体构造尺寸设计的汽车驾驶空间

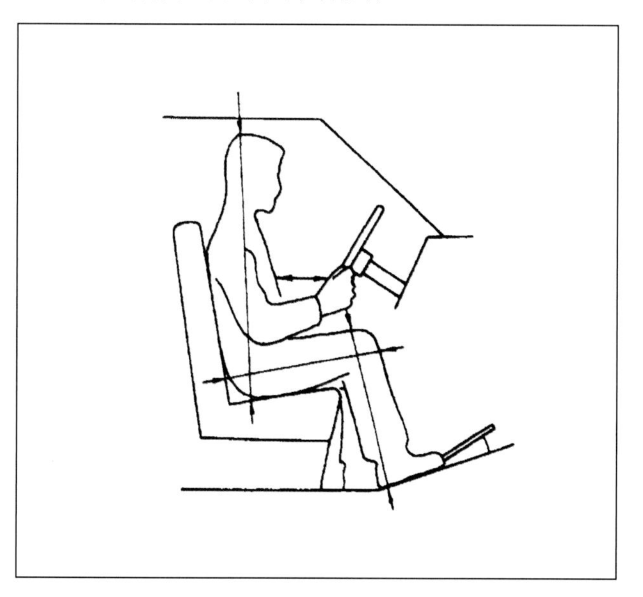

图3-15　按人体功能尺寸设计的汽车驾驶空间

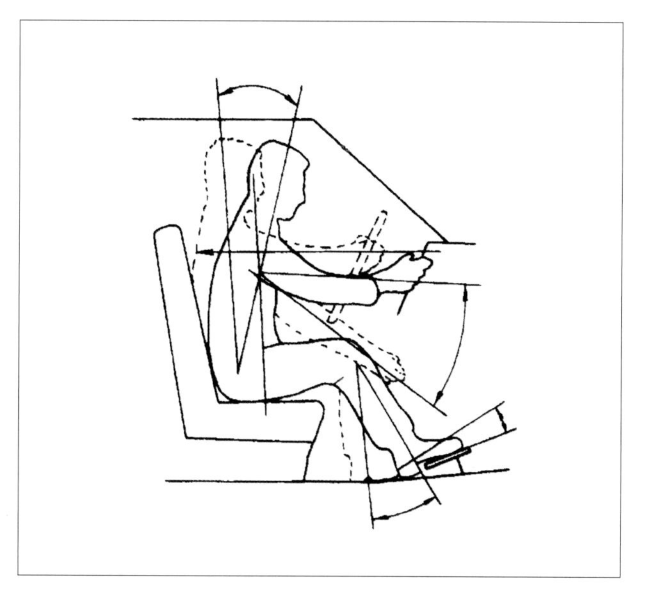

图3-16 人体尺寸的种族差异

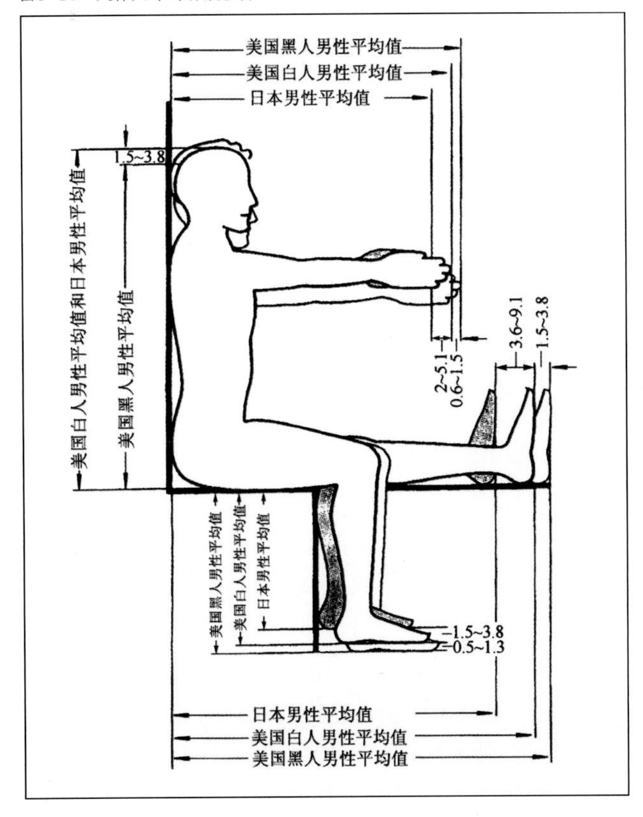

人体尺寸的差异

人体尺寸随种族、性别、年龄、职业、生活状态的不同而在个体与个体之间、群体与群体之间存在差异。

（1）种族差异

种族差异是体质人类学的研究内容。建筑师需要意识到，确定设备尺寸和空间大小所依据的参数是不能随意选择的——不能在美国做设计时，参考的是中国的人体尺寸数据，而是应该选择该设施使用对象所属的数据组。图3-16所示是白种人（美国）、黑种人（美国）、黄种人（日本）三者肢体尺寸的差异。

（2）地区差异

同一种族，生活在不同地区，为适应各自所处的自然环境，经年累月，其内部各族群之间也会发生身体尺寸的差异。表3-8所示是分布于世界部分地区的主要人种的身高与体重比较[美国国家航空航天局（NASA），1978]。中国成年人身高的平均数为：男1670mm，女1560mm。

表3-8 世界部分地区人的身高与体重（平均数）

人种	地区／部族	身高 /mm	体重 /kg
白种人	芬兰	1710	70.0
	美国（军人）	1739	70.2
	冰岛	1736	68.1
	法国	1725	67.0
	英格兰	1663	64.5
	西西里	1691	65.0
	摩洛哥	1689	63.8
	苏格兰	1704	61.8
	突尼斯	1734	62.3
	Berbers（柏柏尔人）	1698	59.5
	Mahratta（马拉他人）	1638	55.7
	孟加拉	1658	52.7
黑种人	Kirdi（基尔迪人）	1665	57.3
	Baya（刚果）	1630	53.9
	Batutsi（巴图西人）	1760	57.0
	Kikuyu（基库尤人）	1645	51.9
	Pygmies（俾格米人）	1422	39.9
	Bushmen（布须曼人）	1558	40.4
黄种人	土耳其	1631	69.7
	爱斯基摩人	1612	62.9
	华北地区（中国）	1680	61.0
	朝鲜	1611	55.5
	华中地区（中国）	1630	54.7
	日本	1609	53.0
	苏丹	1598	51.9
	Annamites（越南）	1587	51.3
	香港（中国）	1662	52.2

中国各地区人的身高有如下差异：河北、山东、辽宁、山西、内蒙古、吉林及青海等地人的身材较高，其成年人身高的平均数为：男1690mm，女1580mm；长江三角洲、安徽、湖北、福建、陕西、甘肃及新疆等地人的身材适中，其成年人身高的平均数为：男1670mm，女1560mm；四川、云南、贵州及广西等地人的身材较矮，其成年人身高的平均数为：男1630mm，女1530mm；河南、黑龙江等地人的身材介于较高与适中之间；江西、湖南、广东等地人的身材介于适中与较矮之间。表3-9所列是中国各地区人的各项身体尺寸。

表3-9　中国各地区人的身体尺寸（平均数）（单位：mm）

测量项目	较高身材地区（冀，鲁，辽）		中等身材地区（长江三角洲）		较矮身材地区（川）	
	男	女	男	女	男	女
身高	1690	1580	1670	1560	1630	1530
最大肩宽	420	387	415	397	414	386
肩峰至头顶	293	285	291	282	285	269
立姿眼高	1573	1474	1547	143	1512	1420
坐姿眼高	1203	1140	1181	1110	1144	1078
胸厚	200	200	201	203	205	220
上臂长	308	291	310	293	307	289
前臂长	238	220	238	220	245	220
手长	196	184	192	178	190	178
肩高	1397	1295	1379	1278	1345	1261
两臂展开宽之半	867	795	843	787	848	791
坐姿肩高	600	561	586	546	565	524
臀宽	307	307	309	319	311	320
脐高	992	948	983	925	980	920
中指尖高	633	612	616	590	606	575
大腿长度	415	395	409	379	403	378
小腿长度	397	373	392	369	391	365
足背高	68	63	68	67	67	65
坐高	893	846	877	825	850	793
腓骨头的高度	414	390	407	382	402	382
大腿水平长度	450	435	445	425	443	422
坐姿肘高	243	240	239	230	220	216

（3）世代差异

随着人类社会卫生、医疗、生活水平的提高，人的生长发育也发生了变化。据调查，欧洲居民每隔10年，身高同比增加10～14mm；美国在1973～1986年的13年间，城市男性青年的身高同比增加23mm；日本在1934～1965年的31年间，男性青年的身高同比增加52mm，体重同比增加4kg，胸围同比增加31mm；中国广州中山医学院在1956～1979年的23年间，男学生的身高同比增加近44mm，女学生的身高同比增加近27mm。人的身高变化了，人体其他部位的尺寸必随着变化。

（4）年龄差异

人体尺寸随年龄的增长而变化，最显著的是儿童期和青年期。一般而言，女性到18岁时身高停止增长，男性到20岁身高停止增长；男性15岁、女性13岁时，手的尺寸已基本长成；男性17岁、女性15岁时，脚的大小也基本定型。成年人的身高随年龄的增长而略有收缩（图3-17），但体重、肩宽、腹围、臀围、胸围却随年龄的增长而加大。图3-18和图3-19所示的分别是男、女各年龄层次的身高比例。

图3-17 不同年龄人的身高

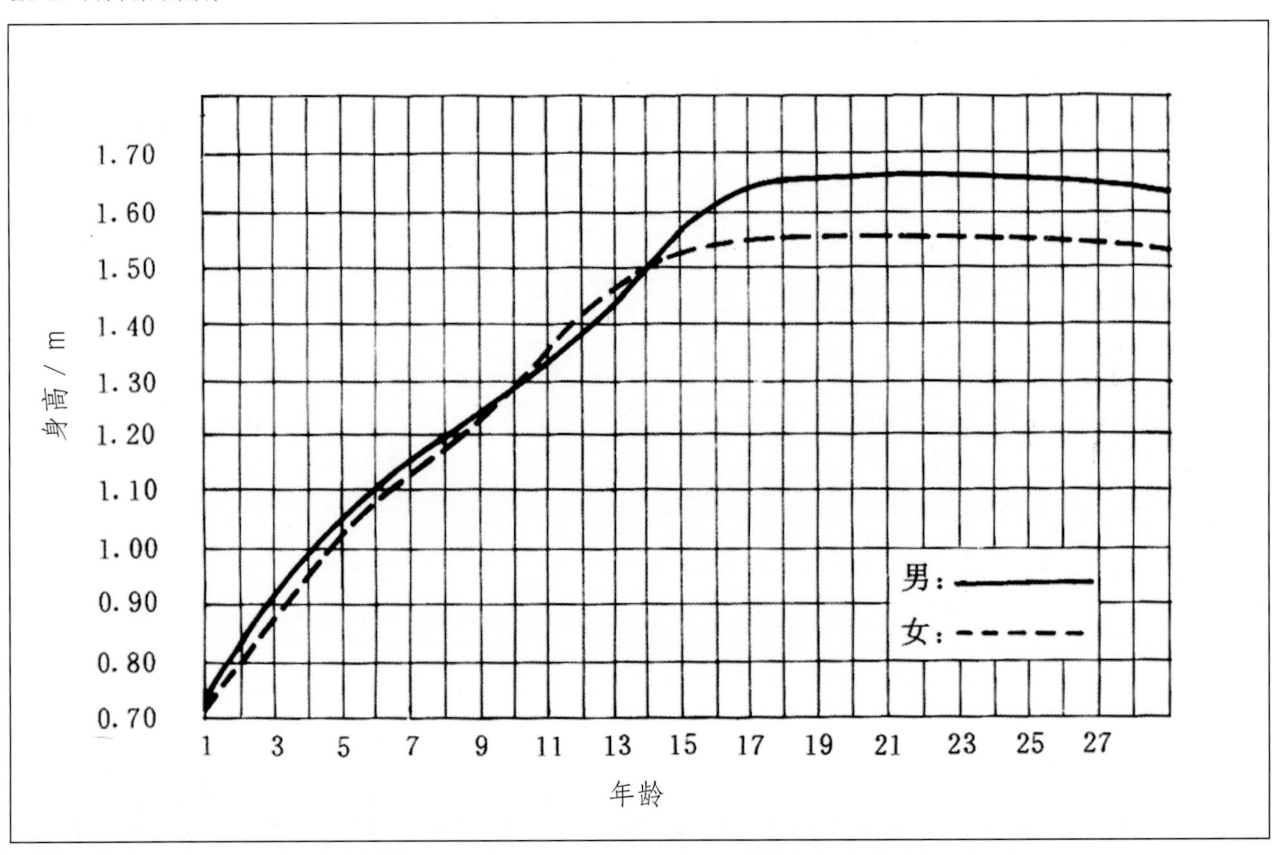

图3-18 男性1～25岁身材比例

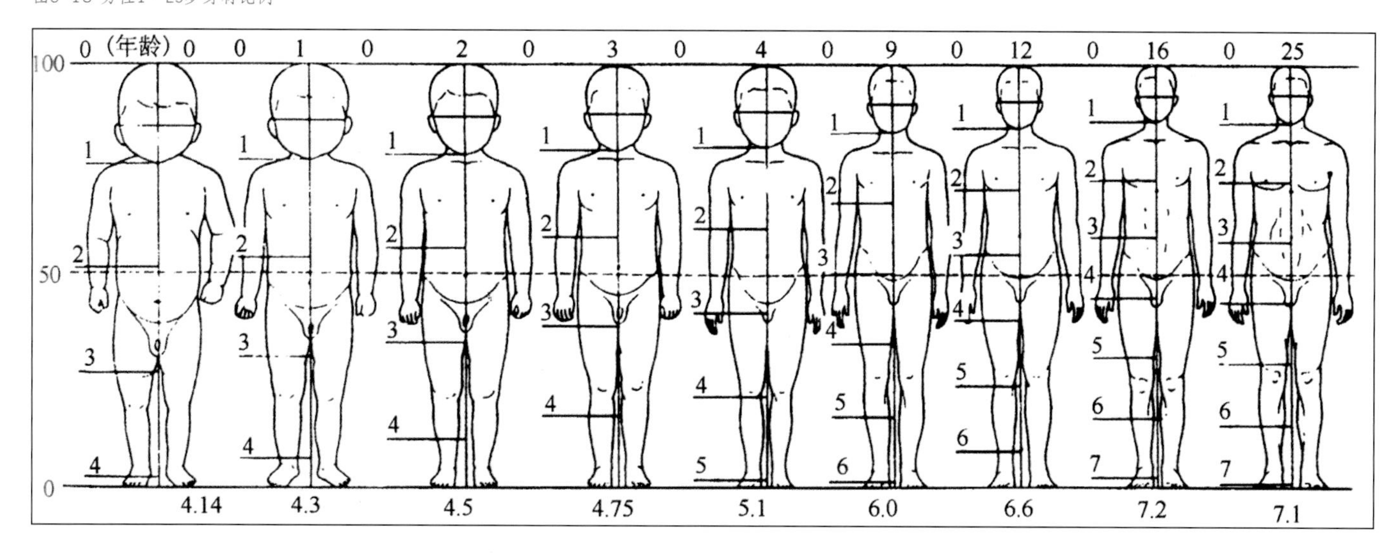

图3-19 女性1～25岁身材比例

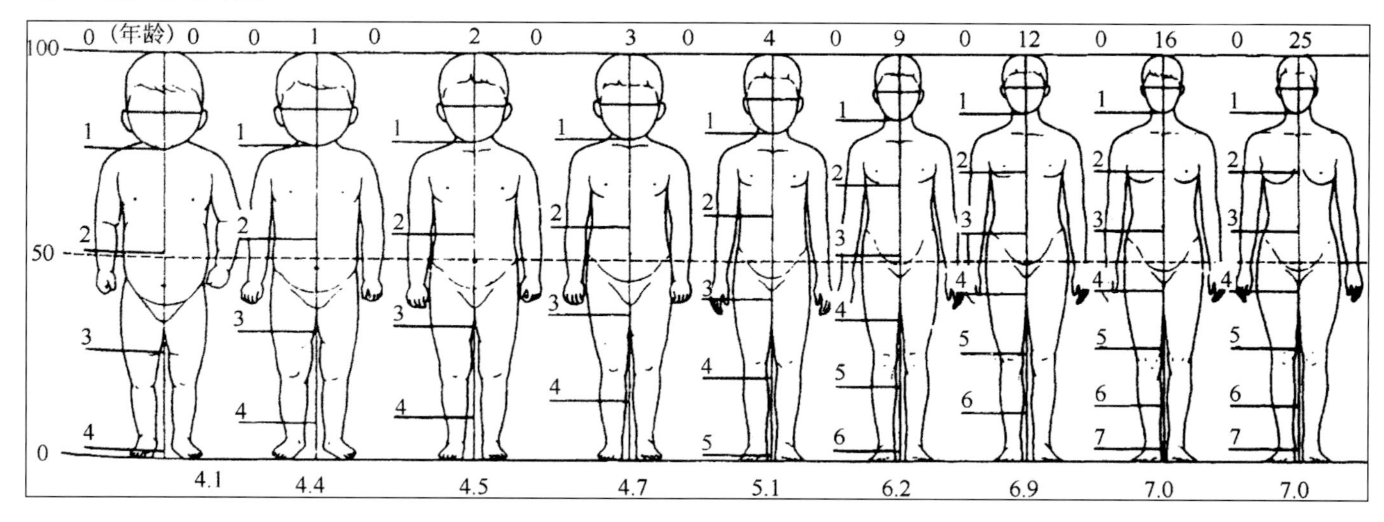

（5）性别差异

大多数人体尺寸，男性都比女性大些，但有的尺寸——胸厚、臀宽、大腿厚，女性比男性大。身高相同的男女，其身体各部分的比例并不相同。女性的臂长和腿长相对身高的比例较小，躯干和头部的比例较大，肩较窄，骨盆较宽，呈正三角形体型；相应地，男性一般呈倒三角形体型，肩较宽，骨盆较窄。

（6）职业差异

不同职业的人，在身体大小及比例上也存在着差异。一般而言，体力劳动者的身体尺寸的平均数要比脑力劳动者的稍大些；军人、运动员、模特的身高要比其他职业的人大，看上去比例修长。也有一些人，其体形会因长期的职业活动而变化，导致其身体的某些特征与常人的不同。表3-10所示是中国国民身体尺寸与中国军人身体尺寸的比较。

（7）测量差异

另外，数据来源不同、测量方法不同、被测者是否有代表性等因素，也会造成人体尺寸的差异。

表3-10 中国国民与军人人体尺寸比较（单位：mm）

测量项目（平均数）	国民（男）	军人（男）	国民（女）	军人（女）
身高	1675	1686	1566	1605
胸围	875	892	841	830
腰围	747	746	697	678
臀围	892	913	904	925

人体的比例关系

成年人的各个人体尺寸之间存在一定的比例关系，了解这个比例关系，可以简化人体测量的过程——只要量出身高，就可推算出人体其他部分的大致尺寸。这种方法有一定的局限性，因为身体比例不是千人一面的，不同种族、不同地区的人身体比例关系各不相同。例如，黑种人的四肢较长，躯干较短；黄种人的四肢较短、躯干较长；白种人的四肢与躯干的比例处于黑种人和黄种人之间。某些职业人群的身材比例会不同于其他人群，例如，芭蕾舞演员和运动员的身材比例，往往明显异于常人。所以，按人体的比例关系推算尺寸的方法不适用于对尺寸要求比较严格的专业（例如服装专业）。

表3-11所示是中国中等身材成年人身体的比例关系。

表3-11　中国中等身材成年人身体的比例关系

比例名称	男性	女性
两臂展开长度与身高之比	102.0	101.0
肩峰至头顶与身高之比	17.6	17.9
上肢长度与身高之比	44.2	44.4
下肢长度与身高之比	52.3	52.0
上臂长度与身高之比	19.9	18.8
前臂长度与身高之比	14.3	14.1
大腿长度与身高之比	24.6	24.2
小腿长度与身高之比	23.5	23.4
坐高与身高之比	52.8	52.8

常用人体构造尺寸

各类设计所需的人体尺寸略有不同，以环境设计为例，常用的人体构造尺寸有23个，再加上体重，一共24个数据：①身高，②最大人体宽度，③最大人体厚度，④站立时的眼睛高度，⑤垂直手握高度，⑥膝腘高度（小腿加足高），⑦臀部至膝腘长度（坐深），⑧臀部至膝盖长度（臀膝距），⑨坐高，⑩肘部平放高度，⑪坐着时的眼睛高度，⑫大腿厚度（坐姿），⑬坐着时的垂直伸够高度，⑭手臂平伸指梢距离，⑮侧向手握距离，⑯臀部宽度（坐姿），⑰两肘之间宽度（坐姿），⑱臀部至足尖长度，⑲臀部至脚后跟长度，⑳肩宽，㉑坐着时的肩中部高度，㉒肘部高度，㉓膝盖高度（坐姿），㉔体重（图3-20）。

其中，最有用的数据有10项，分别是上述的第①、⑥、⑦、⑧、⑨、⑫、⑯、⑰、㉓、㉔。表3-12所列是中国成年人（18～60岁）的该10项数据。

图3-20　环境设计常用人体尺寸

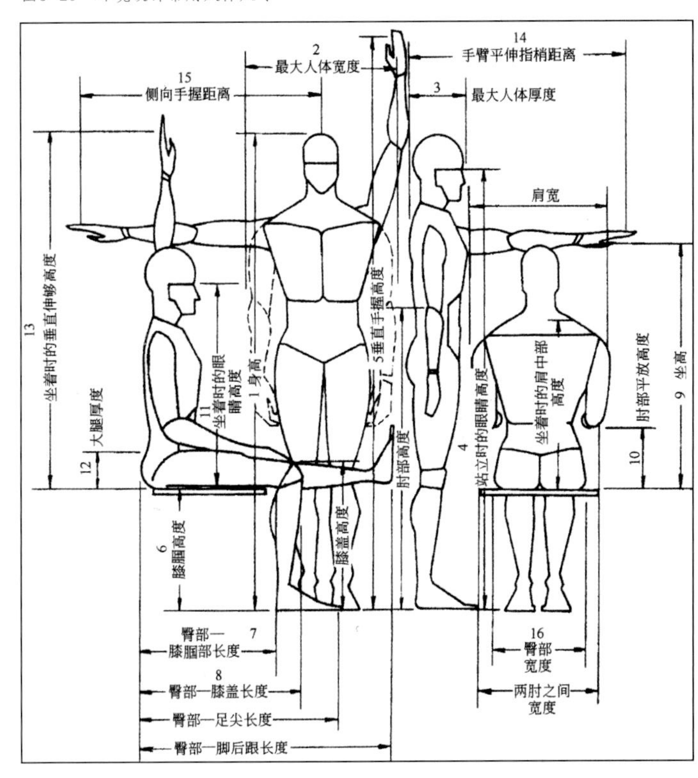

表3-12　中国成年人人体主要尺寸（mm）与体重（kg）

序号	测量项目	男性（18～60岁）			女性（18～60岁）		
		5%	50%	95%	5%	50%	95%
①	身高	1583	1678	1775	1484	1570	1659
⑥	膝腘高度（小腿加足高）	383	413	448	342	382	405
⑦	臀部至膝腘长度（坐深）	421	457	494	401	433	469
⑧	臀部至膝盖长度（臀膝距）	515	554	595	495	529	570
⑨	坐高	858	908	958	809	855	901
⑫	大腿厚度（坐姿）	112	130	151	113	130	151
⑯	臀部宽度（坐姿）	805	857	970	825	900	1000
⑰	两肘之间宽度（坐姿）	371	422	489	348	404	478
㉓	膝盖高度（坐姿）	456	493	532	424	458	493
㉔	体重	48	59	75	42	52	66

以上数据摘自中国1989年7月1日起实施的《中国成年人人体尺寸》（GB 1000—88）。应当注意的是：①这些数据均为裸体测得，用于设计时，应因时因地考虑人的着衣量而适当放大；②这些数据均为标准立姿和标准坐姿时测得，用于人处于其他立姿、坐姿时，需适当修正；③中国地域辽阔，这些数据用于某一具体地区的设计时，应考虑人体尺寸的地区差异。

图3-21和图3-22所示的分别是中国中等身材成年男、女人体各部分平均尺寸。

图3-21　中国中等身材成年男性人体各部分平均尺寸（单位：mm）

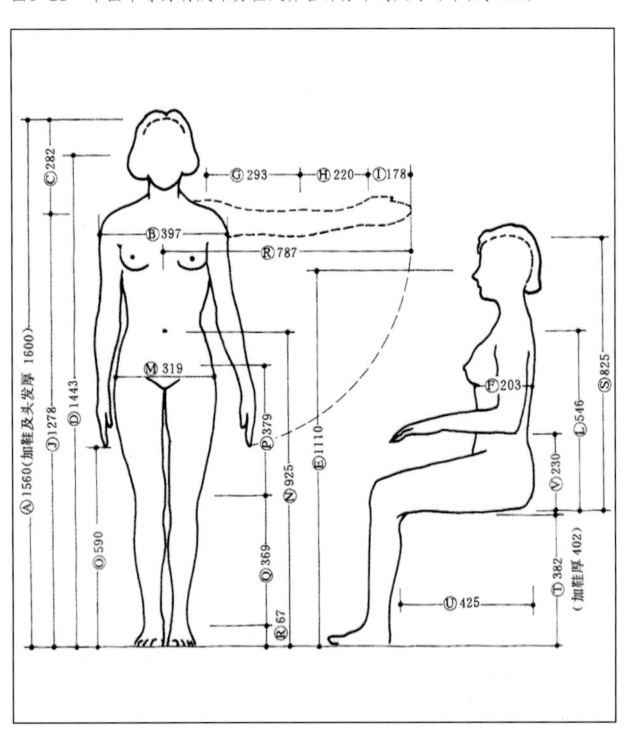

图3-22　中国中等身材成年女性人体各部分平均尺寸（单位：mm）

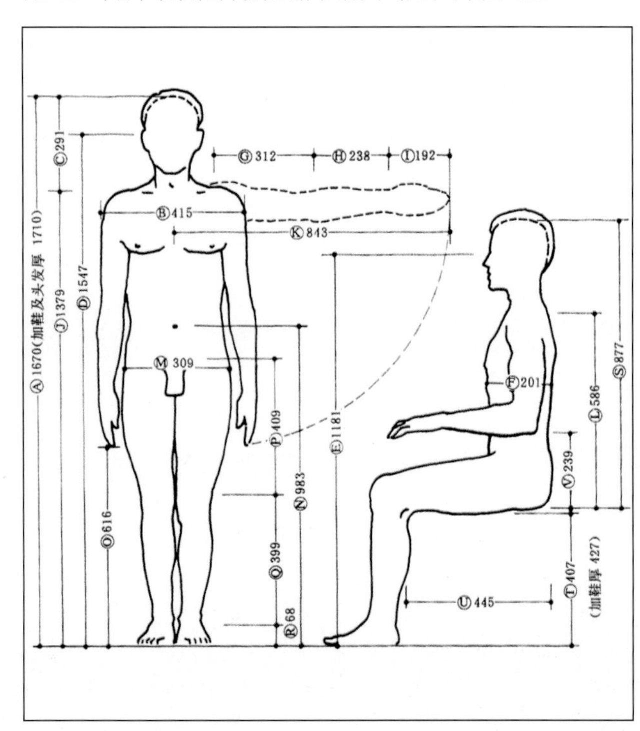

人体活动常规尺度

（1）人体的基本动作尺度

图3-23和图3-24所示是人体基本动作尺度，这些尺度是实测结果的平均数，用于设计时，应酌情增减。

图3-23　人体基本动作尺度（1）（单位：mm）

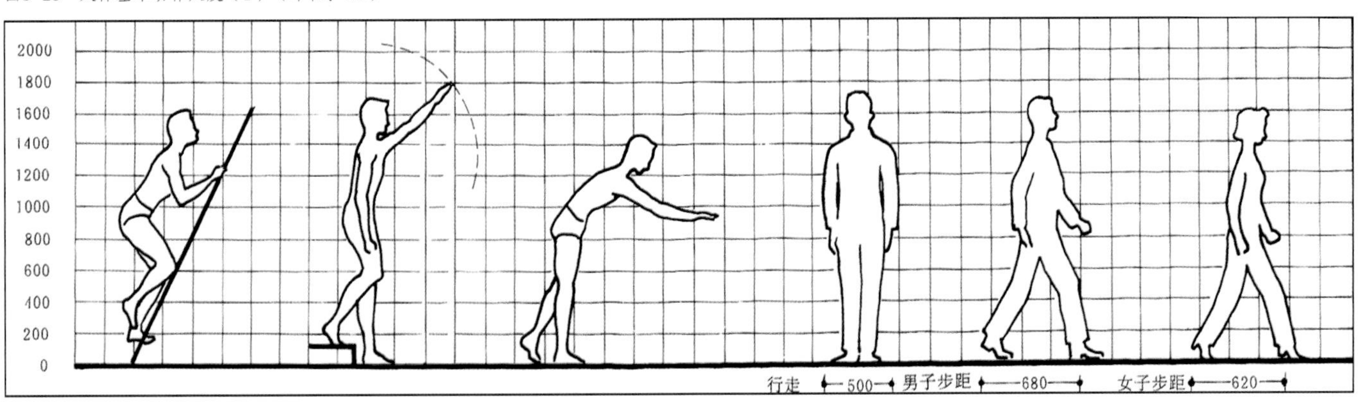

图3-24　人体基本动作尺度（2）（单位：mm）

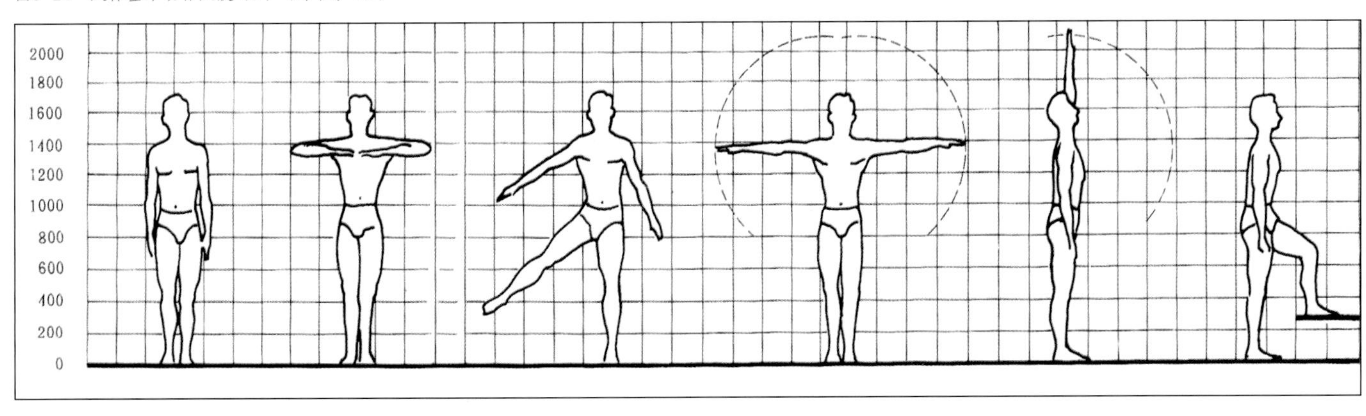

（2）人体活动的空间尺度

图3-25～图3-28所示是人体活动的空间尺度，已包括一般着衣厚度和鞋的高度（各为20 mm）。寒冷地区应按冬衣厚度适当放大，建议人体宽度和厚度各增加40 mm。在考虑人与人、人与物的间距时，建议人与人的间距≥40 mm，人与墙的间距≥20 mm。

图3-25　人体活动的空间尺度（1）（单位：mm）

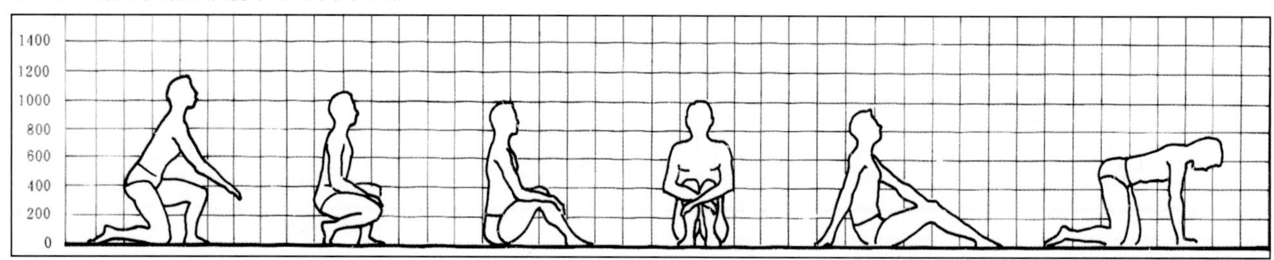

图3-26　人体活动的空间尺度（2）（单位：mm）

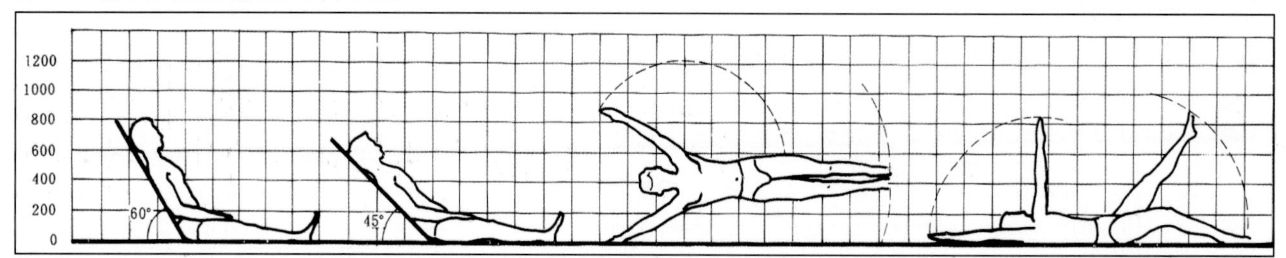

图3-27　人体活动的空间尺度（3）（单位：mm）

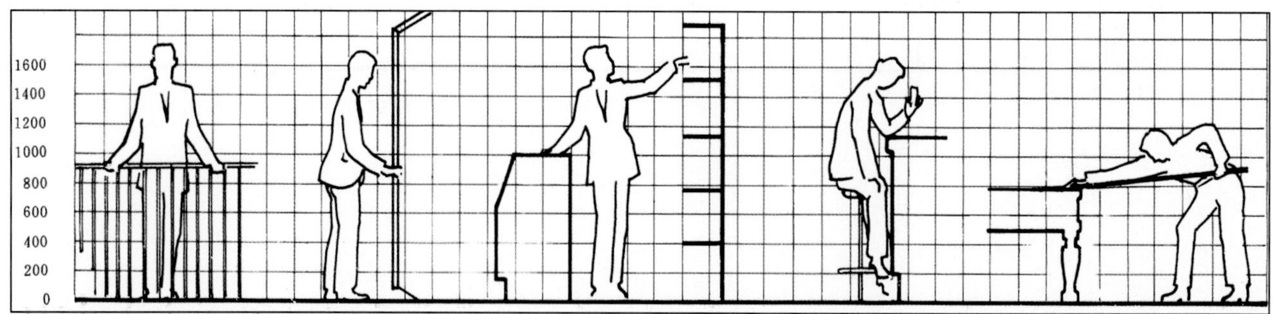

图3-28　人体活动的空间尺度（4）（单位：mm）

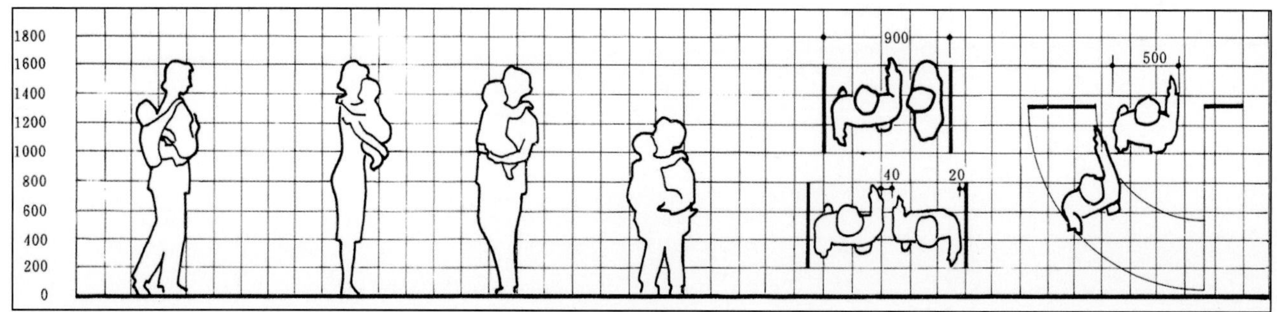

（3）生活起居的空间尺度

图3-29～图3-31所示是生活起居的各种空间尺度。

图3-29　生活起居的空间尺度（1）（单位：mm）

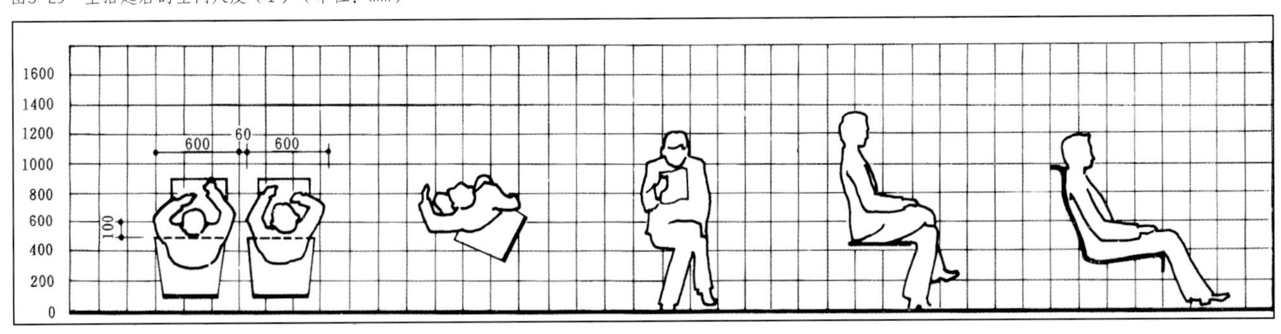

图3-30　生活起居的空间尺度（2）（单位：mm）

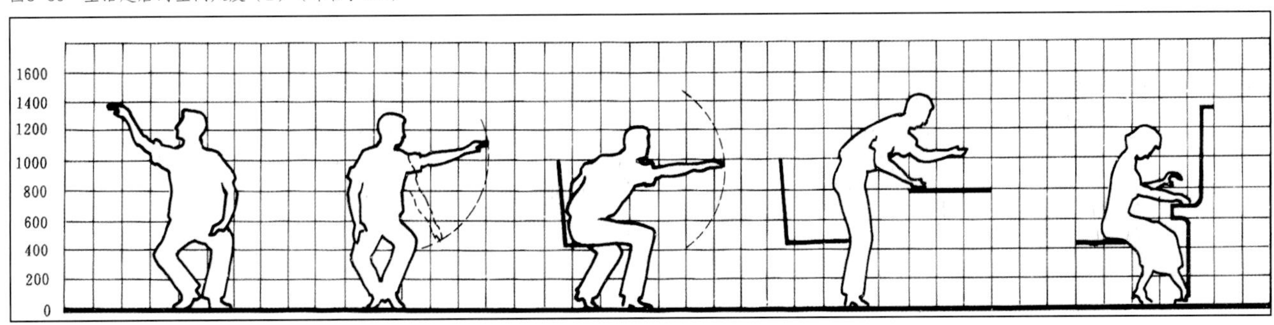

图3-31　生活起居的空间尺度（3）（单位：mm）

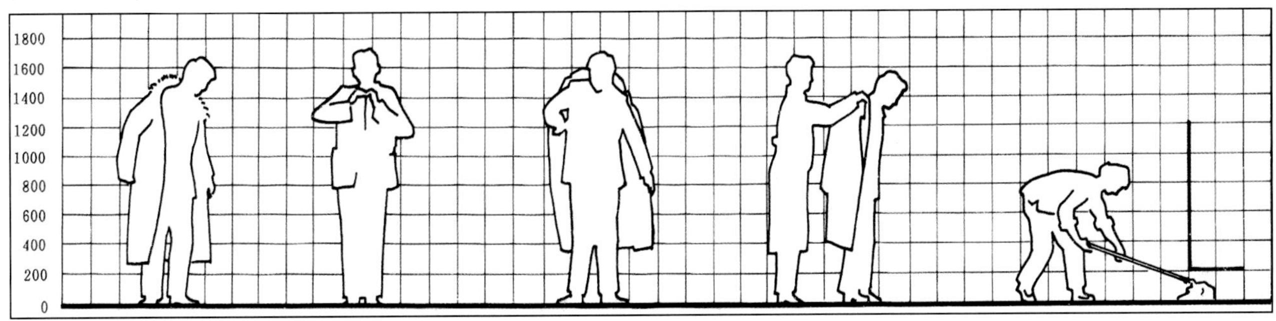

（4）存取动作的空间尺度

图3-32所示是存取动作的空间尺度。

（5）厨房操作的空间尺度

图3-33所示是厨房操作的空间尺度。

（6）厕浴活动的空间尺度

图3-34所示是厕浴活动的空间尺度。

图3-32 存取动作的空间尺度（单位：mm）

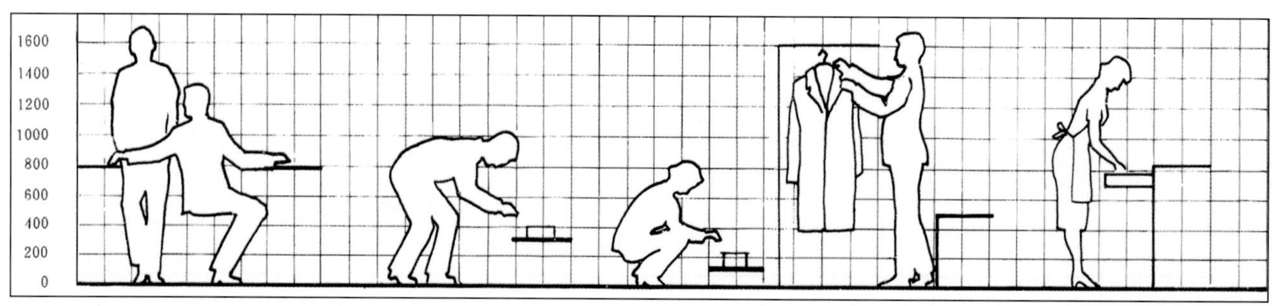

图3-33 厨房操作的空间尺度（单位：mm）

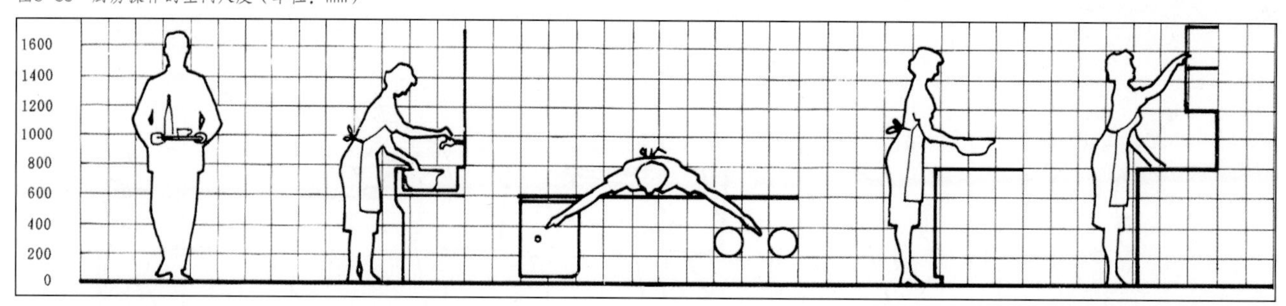

图3-34 厕浴动作的空间尺度（单位：mm）

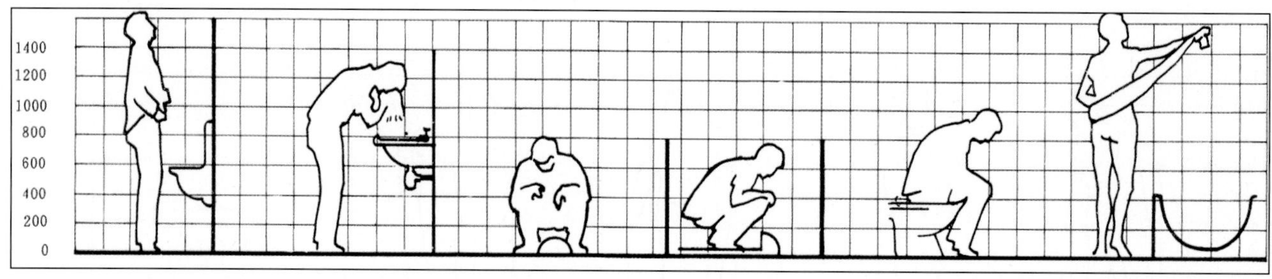

儿童人体构造尺寸

前述各种人体尺寸都是成年人的数据，这里专门讲一下儿童的人体尺寸。

中国曾长期缺乏本国儿童的人体资料，所以儿童产品的设计不得不长期借用日本儿童的人体数据。中国推行独生子女政策后，儿童的日常营养增加，发育加快，外国儿童的人体数据越来越不适用中国儿童的情况。在一次对上海徐汇区的幼儿园中班和大班儿童的人体测量中。被测儿童共203人（男107人，女96人），年龄为中班4～5岁，大班5～6岁。被测者统一着毛衣两件、着鞋，测足长时脱鞋着袜。表3-13和表3-14所列是该次测量的部分结果。

表3-13　中国（上海，4~5岁）儿童人体尺寸（单位：mm）

测量项目	百分位						
	1	5	10	50	90	95	99
身高	949	1026	1043	1104	1165	1182	1214
眼高	870	902	919	979	1039	1056	1088
肩高	776	805	820	874	928	943	971
会阴高	373	394	406	445	485	496	517
双臂举高	1128	1167	1188	1260	1333	1354	1393
坐高	540	559	569	604	640	650	669
坐姿肘高	120	129	134	152	170	175	185
小腿加足高	222	231	236	253	270	275	284
坐姿大腿厚	67	75	79	93	107	111	119
坐姿臀宽	183	191	196	212	228	232	241
坐深	231	240	245	262	280	285	294
臀膝距	304	316	323	346	369	375	387
坐姿下肢长	537	557	560	605	642	653	673
上肢前伸长	456	475	485	521	557	567	586
两肘间宽	313	328	336	365	394	403	418
最大肩宽	275	286	291	312	333	339	349
两肘展开宽	512	532	543	581	620	630	651
胸厚	123	130	134	147	161	165	172
手长	115	120	123	132	141	144	149
足长	144	150	154	166	177	181	187

表3-14 中国（上海，5~6岁）儿童人体尺寸（单位：mm）

测量项目	百分位						
	1	5	10	50	90	95	99
身高	1045	1035	1098	1164	1229	1247	1282
眼高	936	971	989	1054	1118	1136	1171
肩高	813	844	860	919	978	994	1025
会阴高	390	414	427	472	518	531	555
双臂举高	964	1015	1042	1138	1234	1262	1313
坐高	579	598	608	644	680	690	709
坐姿肘高	125	138	144	167	190	196	208
小腿加足高	245	253	257	272	287	292	300
坐姿大腿厚	77	85	89	103	117	121	128
坐姿臀宽	198	210	216	239	261	268	280
坐深	263	271	276	291	306	311	319
臀膝距	338	352	359	383	408	415	428
坐姿下肢长	591	615	628	674	720	733	757
上肢前伸长	468	491	503	546	588	600	623
两肘间宽	281	301	308	335	362	370	384
最大肩宽	258	269	275	296	318	324	335
两肘展开宽	531	558	569	607	646	657	678
胸厚	125	132	136	150	164	167	175
手长	119	124	127	136	146	149	154
足长	153	159	162	172	183	186	192

第 4 章　产品与空间尺度中的人体因素

4.1　家具中的人体因素

工作面高度

工作面高度指的是作业时手的活动面距地的高度。工作面高度是决定人工作时身体姿势的重要因素。不合适的工作面高度会引起作业者身体不舒适的歪斜，导致作业者腰酸背痛，使得工作效率降低和工作有效持续时间缩短。

工作面高度不等于支承面（桌面）高度，因为工件本身是有厚度的，例如，计算机的键盘一般都有25mm左右的厚度，人在操作计算机时，手其实不是在桌面上工作，而是在键盘面上工作。所以，工作面通常要比支承面（桌面）高（图4-1）。只有当工件的厚度可以忽略不计时，工作面高度才等于支承面（桌面）高度，例如，看书、写字、制图时的工作面高度就等于桌面高度。

作业性质是决定工作面高度的主要因素，也决定了人的作业姿势。人的基本作业姿势有3种：坐姿作业、站立作业、坐立交替作业。工作面高度可以由作业者的肘高（坐姿、立姿）来衡量。人的立姿肘高约是身高的63%，所以，人站立作业的工作面高度也可以间接地由人的身高来衡量。

一般情况下，人手若在身前作业，则保持肘部自然下垂、前臂收拢与上臂成直角的姿势最有利于作业技能的发挥。于是，人站立作业的最佳工作面高度应在其立姿肘高以下50～100mm处。男性的平均立姿肘高约为1050mm，女性的平均立姿肘高约为980mm。所以，男性的站立作业面高度宜为950～1000mm，女性的站立作业面高度宜为880～930mm。

但有的时候，人在站立作业时，工作面高度要远低于人的立姿肘高。如果作业面需放置工具、材料等，那么其高度应降到人的立姿肘高以下100～150mm处；如果作业体力消耗大，需借助身体的重量，那么作业面高度应降到立姿肘高以下150～400mm处，甚至更低，例如劈柴时的作业面。

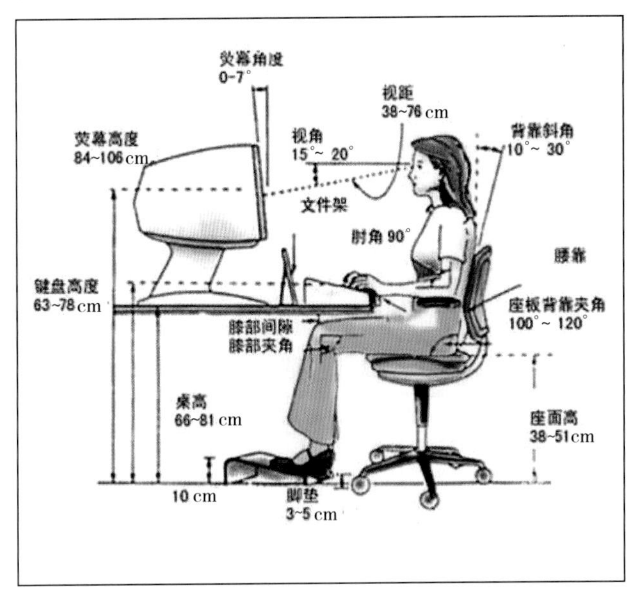

图4-1　工作面通常比支承面（桌面）高

也有的时候，人在站立作业时，工作面高度可以等于人的立姿肘高。例如，银行和邮局的柜台面距地高度通常在990～1060mm之间，因为客人在柜台面写字或在柜台前等候时，其前臂可以在这个高度上方便、舒适地搁在柜台面边缘以支承部分体重，从而轻松地保持上身的平衡与稳定，降低腿部肌肉的紧张度（图4-2、图4-3）。

站立作业面高度配合适当的坐面高度，能适用于坐立交替作业，例如专业绘图桌和酒吧柜台。专业绘图桌的桌面高度一般在900～1000mm之间（图4-4、图4-5），酒吧柜台的台面高度一般在1060～1140mm之间（图4-6），可以方便作业者频繁变换坐姿与立姿，交替使用部分肌肉或解除其负荷而不影响作业或活动的进行。适用于坐立交替作业的作业面高度，还方便作业者取坐姿时，与身边的站立者言语交流，因为这时人的坐姿眼高接近于人的立姿眼高，坐姿的作业者在与身边的站立者言语交流时，不必抬头仰视站者，站者也不必躬身低头以迎合坐者。

人以坐姿作业时，影响其作业面高度的因素有3个：①上身前倾时的舒适平衡；②眼睛与视觉对象的距离；③头—颈部与作业面的夹角。

图4-2 银行和邮局的柜台面高度（立面）（单位：mm）

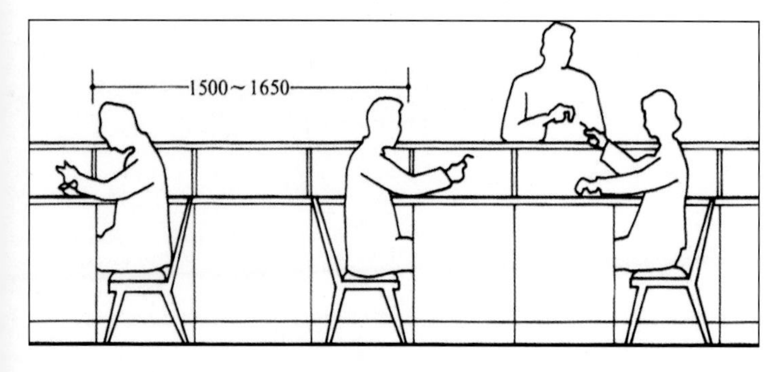

图4-3 银行和邮局的柜台面高度（剖面）（单位：mm）

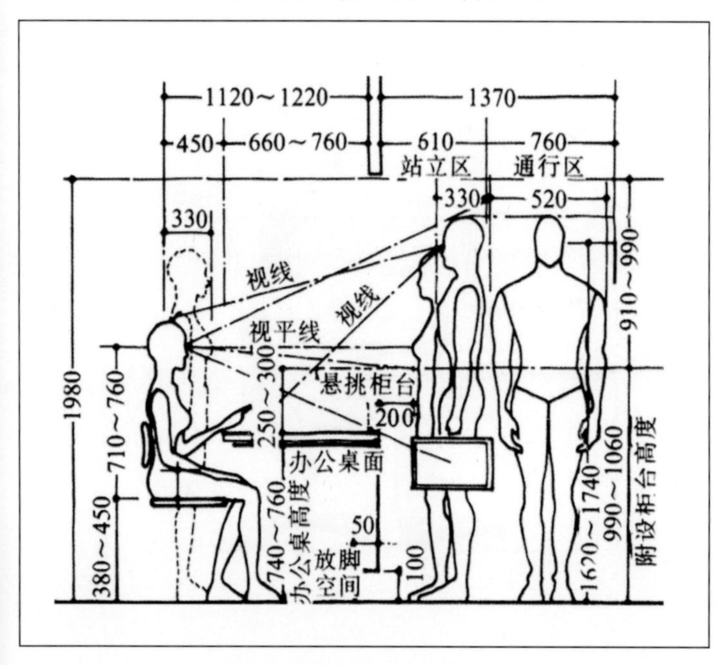

图4-4 专用绘图桌（透视）（单位：mm）

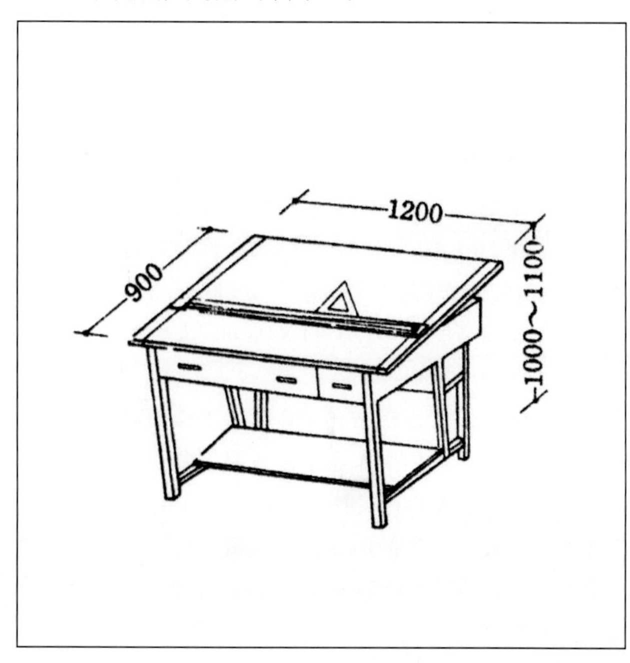

图4-5　专用绘图桌（立面）（单位：mm）

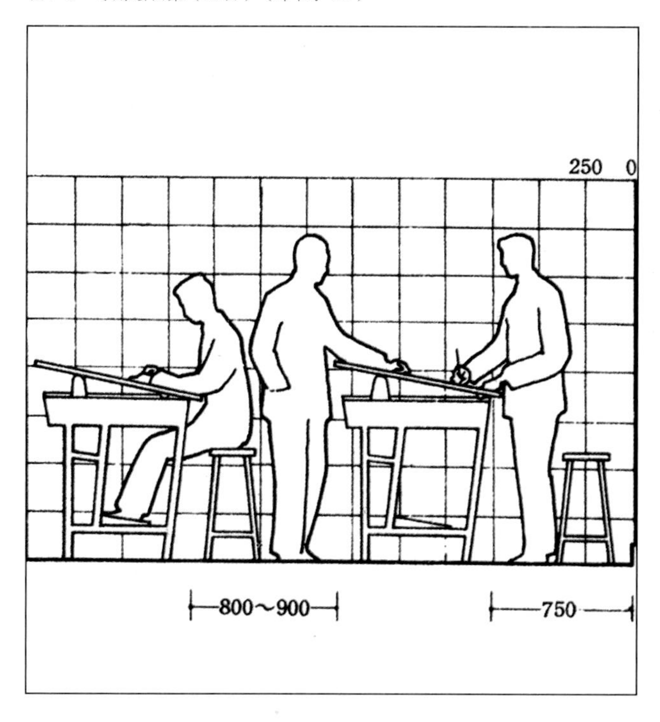

人的视觉注意的区域决定了其头—颈部的姿势。重要的和需要经常注意的视觉对象必须设计在舒适视野（见第6章）内，以避免不自然的头—颈部姿势引起颈部肌肉疼痛。调查结果显示，一般阅读、书写作业时，人的头—颈部与桌面的夹角在75°以内。所以，一般办公桌面的高度都应略高于在人的坐姿肘高，为760mm左右，这样，人的前臂可以方便、舒适地搁在桌沿以支承部分体重，从而较轻松地保持上身的平衡与稳定，减轻背部肌肉的静态负荷，并可方便地调节视距和视角。对于精密作业，例如绘图，作业面应上升到坐姿肘高以上50～100 mm处，以适应视距的要求。对于专业打字员，其手—臂部的最佳作业姿势仍是肘部自然下垂、前臂收拢与上臂成直角的姿势，打字时前臂不会支撑在桌沿，所以，打字员的桌面高度应较其坐姿肘高略低或与之持平，为680 mm左右（图4-7）。

图4-6　酒吧柜台面高度（单位：mm）

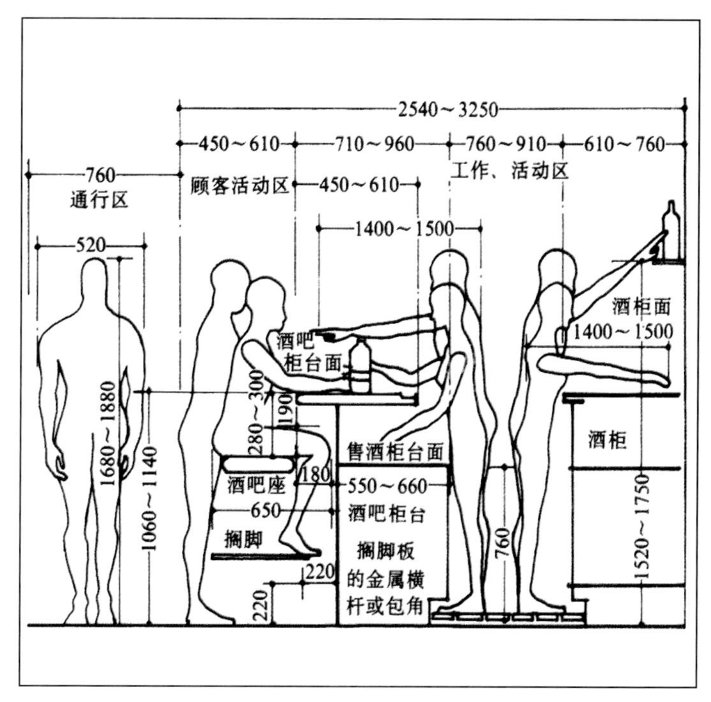

图4-7　打字员的桌面高度（单位：mm）

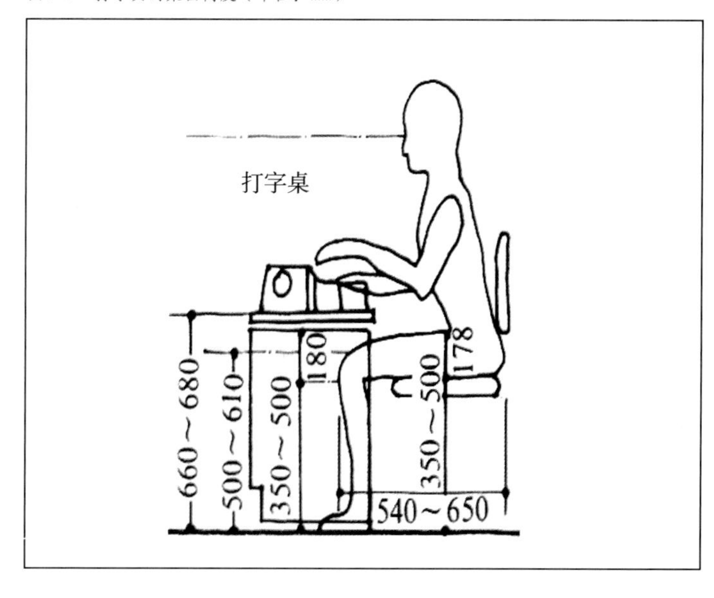

为方便不同身材和不同习惯的人调节其上身姿势和头—颈部与桌面的夹角（视角），可以采用高度及倾角可调的作业面（图4-8）。倾斜作业面有利于保持上身自然姿势，避免弯曲过度。肌电图和个体主观感受都证明了倾斜作业面的优越性。但倾斜作业面不便于放置工具，这个缺点限制了它的广泛应用。

坐姿的作业面设计还应考虑作业面下方的空间。作业面下方应有足够的空间以满足作业者必要的膝—腿部活动（图4-9），坐姿时适度的膝—腿部活动有利于下肢血液循环和肌肉放松。作业面下方空间的尺度可以人体腿长和大腿厚度为参照，高度一般在坐面300mm以上，宽度在650mm左右，深度近于作业面深度。

此外，作业面高度应按身材较大者的尺寸设计，因为身材较小者可通过提高坐面和使用垫脚来适应较高的作业面，例如，餐厅、理发店里的儿童“加座”，还有钢琴下的儿童脚垫。但反过来，身材较大者却无以借助来适应较低的作业面。

图4-8　倾斜作业面（单位：mm）

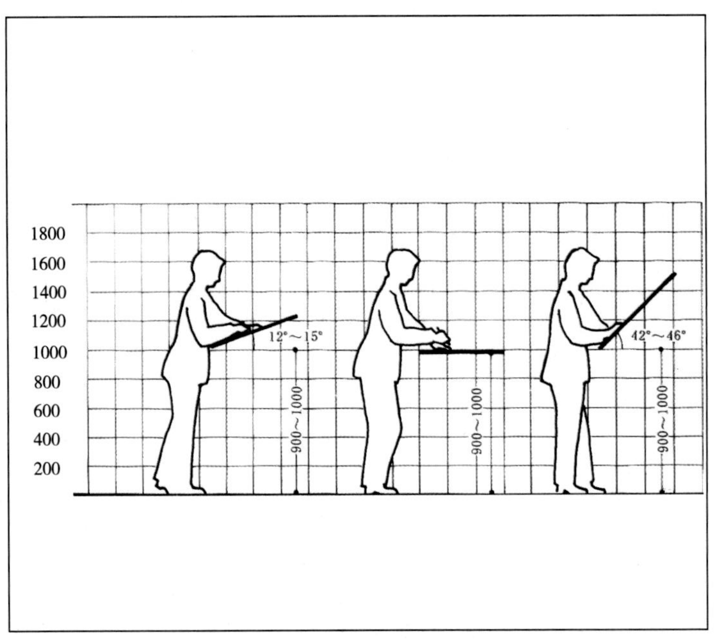

图4-9　作业面下方应有膝腿活动的空间（单位：mm）

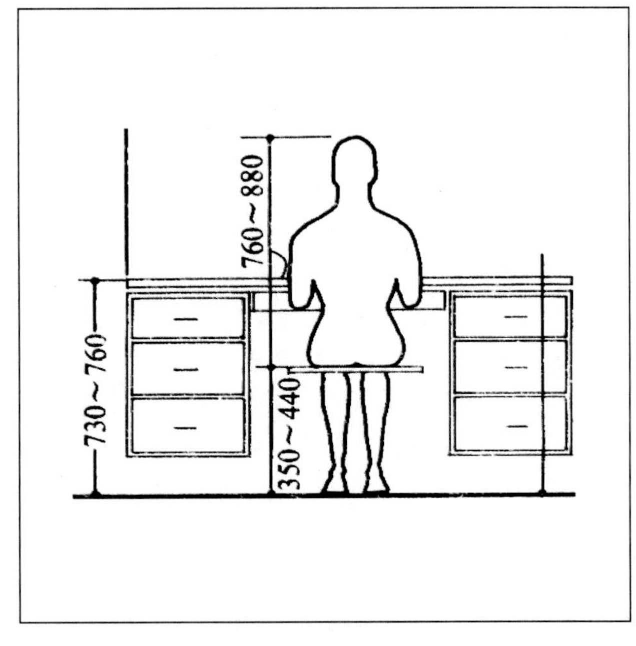

椅的尺度与形态

椅是有靠背或兼有靠背和扶手的坐具（图4-10）。椅按其用途的不同有许多种，基本可以分为3类：休息椅、工作椅、多功能椅。但其中的任一类之下又有许多种，以工作椅为例，有理发椅、牙医的诊疗椅……。本节只谈大量性休息椅和工作椅，并且也仅涉其尺度与形态，而不究其细节。对于建筑师而言，最有用的是：①掌握普通椅子的常规尺度；②知道什么样形态的椅子更符合人机工学的原理因而坐着会更舒服。

（1）椅的人体因素

影响椅的尺度与形态的因素主要有：①人体尺寸；②实用目的；③健康与舒适的要求（即坐的生理学因素）；④文化传统。人体尺寸决定了一般情况下椅的绝对尺度，例如儿童椅的尺度就比成人椅的要小许多。实用目的决定了椅的尺度和形态要适其所用，例如绘图室和吧台前的椅就比一般椅要高。健康与舒适的要求会影响椅的形态，即椅的各个尺度的相对关系，例如软件工程师、教师等需长时间伏案工作的人的椅，要考虑椅的形态让使用者长时间坐姿工作时能保持效率和延缓疲劳。强调文化传统则往往会使椅的形象的文化内涵凌驾于尺寸、实用、舒适等因素之上。例如，法官椅，其形象的庄严感就要比舒适度重要；仿古的椅，对历史风格的把握是衡量其设计优劣的关键。这里只谈人体尺度和健康与舒适因素的影响。

椅尺度因素有：①坐面高度H_1；②坐面深度T_1；③坐面倾角α；④靠背宽度B_2；⑤靠背高度L_1；⑥靠背倾角β；有的扶手椅还有扶手内宽B_1和扶手高度H_2这两个因素（图4-11、图4-12）。这些尺度的不同组合构成了椅的各种形态。其中，坐面高度H_1与人体尺寸的“小腿加足高”相关，坐面宽度与人体尺寸的“坐姿臀宽”相关，坐面深度T_1与人体尺寸的“坐深”相关，背宽B_2、扶手内宽B_1与人入座时的动作相关，坐面倾角α、靠背高度L_1、靠背倾角β都直接与坐的生理学相关。

图4-10 椅的定义

图4-11 椅的尺度名称（透视）

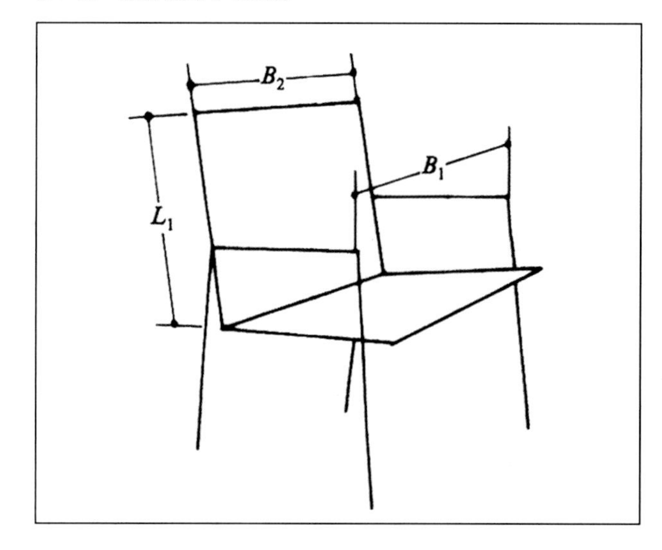

图4-12 椅的尺度名称（W面）

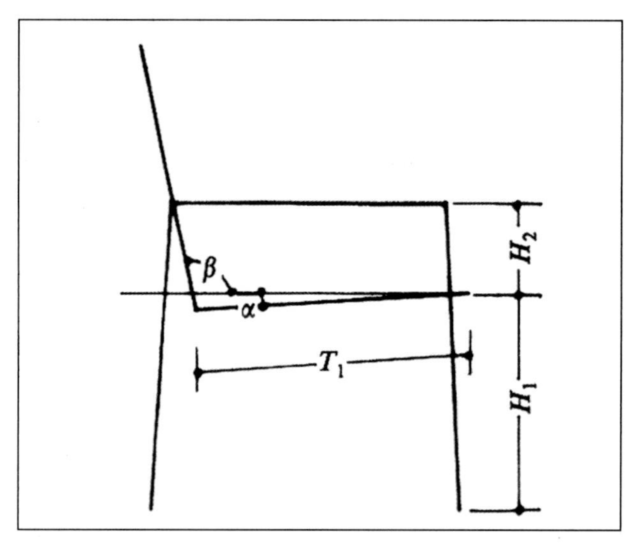

人之所以常常要坐❶，是因为坐着比站着省力。人坐着的时候，腿部肌肉大多停止了静态施力，腹部肌肉也放松了。但坐会让臀部和大腿受压（图4-13），使脊柱弯曲和背部肌肉张拉。人取坐姿时，椎间盘仍要承受上身的重量，并且胸腹部收缩，妨碍到消化系统和呼吸系统的工作。所以坐久了，人依然会不舒服，甚至不可忍受。长期的不良坐姿，还会导致颈椎病和脊柱畸形。

人坐着的时候，体重并非均布于整个臀-腿部，而是大部分集中在两块坐骨的小范围内。如果坐姿前倾，或者坐面上翘，则膝腘处的大腿下部也要承压（图4-14）。通常，当体重主要由坐骨部分承担时，人会觉得较舒适。

图4-13 坐面上的压力分布（1）（单位：N）

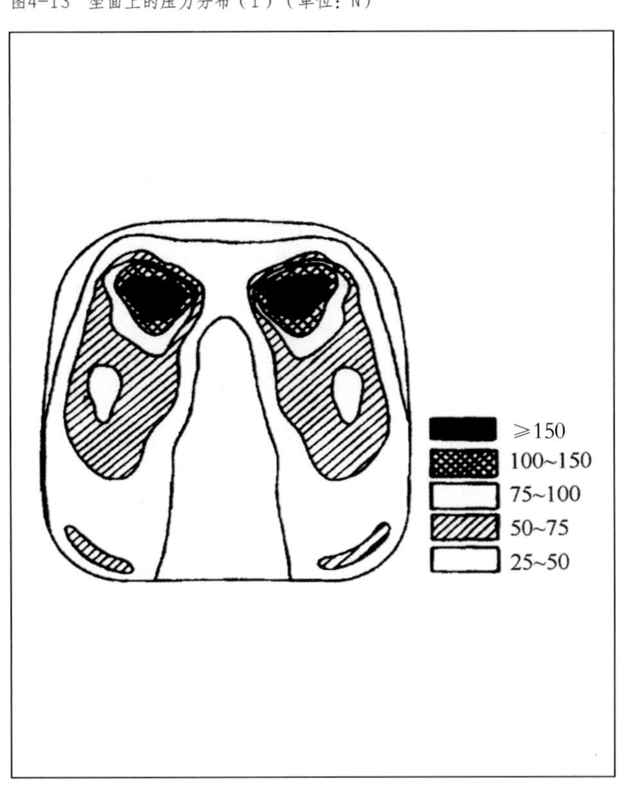

图4-14 坐面上的压力分布（2）（单位：N）

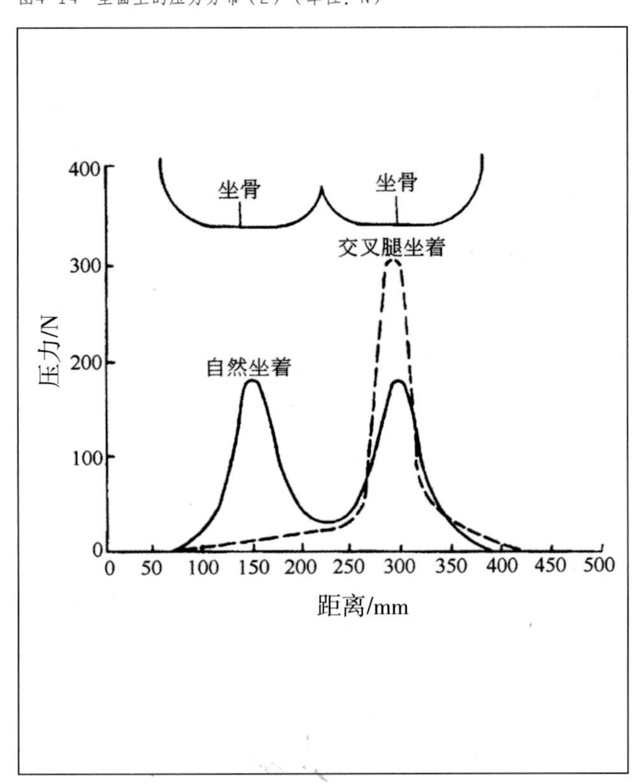

❶这里的坐指的是垂足坐，不是屈膝坐或盘腿坐。

人坐着的时候，尤其是前倾的坐姿，腰椎前凸的幅度会加大。腰椎大幅前凸是一种难以长时间保持的姿势，因为这种姿势使椎间盘的应力分布不均，也使背部肌肉紧张。曾有研究者取人的卧姿为参照来研究人在坐姿时的脊柱形态与背肌状态。研究发现，人水平侧卧，胸腹部和大腿呈135° 时，椎间盘的应力最小，背部的肌肉最放松。研究者以这种姿势为中性姿势。另有实验表明，人体取髋关节与大腿呈90° 的坐姿时，脊柱最接近于中性姿势。

可见，人坐的舒适度与坐姿有关，坐姿客观上取决于椅的形态，而决定坐的舒适度的椅的形态的关键因素是坐面倾角α、靠背倾角β、坐面与靠背的关系，即两者的夹角$\alpha+\beta$（图4–12）。

研究发现，就坐的舒适度而言，坐面与靠背的关系是：坐面倾角α愈小，要达到中性姿势，坐面和靠背的夹角$\alpha+\beta$必须愈大。换言之，坐面愈向后倾斜，坐面和靠背的夹角必须愈大（图4–15）。

图4–15　坐面与靠背的夹角变化（单位：mm）

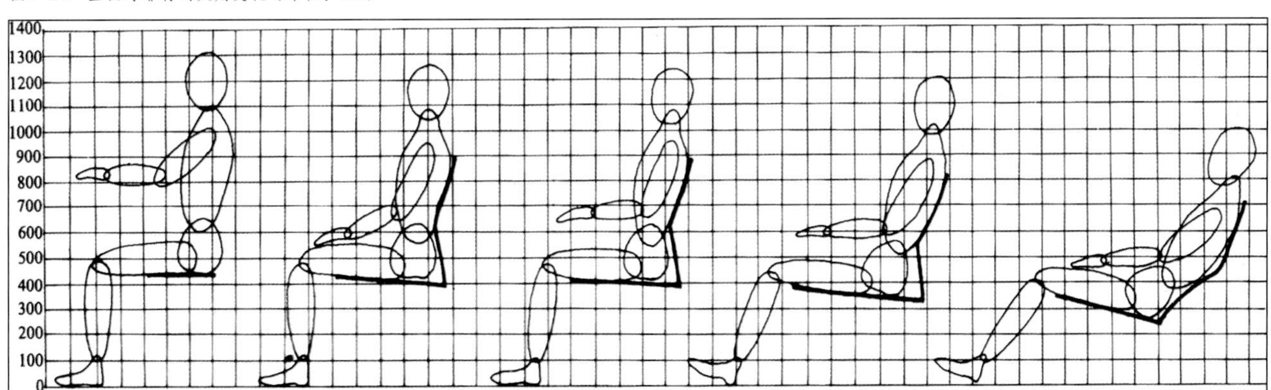

（2）椅的一般设计原则

生理学和矫形学研究的结果，对椅的设计有如下建议。

①椅应能方便坐姿的经常改变：能在前倾、端坐、和后靠之间自由变换。

②为避免腰椎大幅前凸和背肌紧张，应安装腰垫以支撑脊柱。

③工作椅应便于人保持直腰并前倾的坐姿。

④休息椅的坐面和靠背都应向后倾斜，使椎间盘的应力达到最佳分布。

值得注意的是，方便坐姿改变的设计原则并不意味着活动椅或形态可调的椅就一定是好的坐具，因为椅的设计制造还涉及构造与工艺的问题。如果活动椅或形态可调的椅其构造设计不佳，或工艺不达要求，就会导致人坐其中要么不易活动（椅的各个关节不够活络），要么难以保持所需要的固定姿势（椅的各个关节不易定位），这两种情况都会引起人体不必要的施力和紧张，加速疲劳的出现。所以，轮滑椅未必是办公室的最佳选择。

（3）坐面

坐面高度与人体尺寸的“小腿加足高”相关，但还应考虑它与工作面的垂直距离，这个距离以（275 ± 25）mm为宜。一般情况下，坐面高度和倾角应能让使用者两脚自然触地，且大腿基本保持水平，以避免大腿下（尤其是膝腘部）有过高的压力。坐面的常规高度是430mm，坐面的推荐倾角为3°。380 ~ 480mm范围内的坐面高度能满足大部分人的需要。

某些用途的椅，其坐面高度要比普通椅的坐面高。例如，绘图室和酒吧台等场合的座椅，其坐面高度在760 ~ 780mm之间，是为了方便使用者频繁变换坐姿与立姿，或者是方便坐者与站者言语交流（参见图4-6）。

坐面宽度与人体尺寸的“坐姿臀宽”相关，但以从宽为佳，因为较宽的坐面能方便使用者入座、起身和变换坐姿。坐面宽度的最小尺寸是400mm。

坐面深度应以身材较矮者为参考，若坐面太深，会让使用者（尤其是小个子）难以靠背。坐面深度的常规尺寸是375 ~ 400mm。

坐面安装软垫可以增加坐面与使用者臀—腿部的接触面积，使臀—腿部的压力分布均匀，延缓局部疲劳的出现。但太软太高的坐垫会影响坐姿的平衡与稳定。

（4）靠背

对于工作椅而言，为避免人在工作时肘部碰到靠背，靠背的宽度以不大于325 ~ 375mm为宜。靠背倾角以坐面和靠背的夹角在100° 时为宜。

靠背在水平方向宜有弧度，该弧度应与人背部的形状相适，使背部的压力分布均匀，延缓局部疲劳的出现（图4-16）。

靠背应安装腰垫，腰垫的位置应在人的第三腰椎与第四腰椎之间，即坐面后缘上方100 ~ 180mm的位置。

弹簧靠背较固定靠背为佳，因为弹簧靠背可以随人背部的移动而移动，使得人取多个坐姿时，脊柱都能有所支撑（图4-17）。

图4-16 靠背在水平向宜有弧度

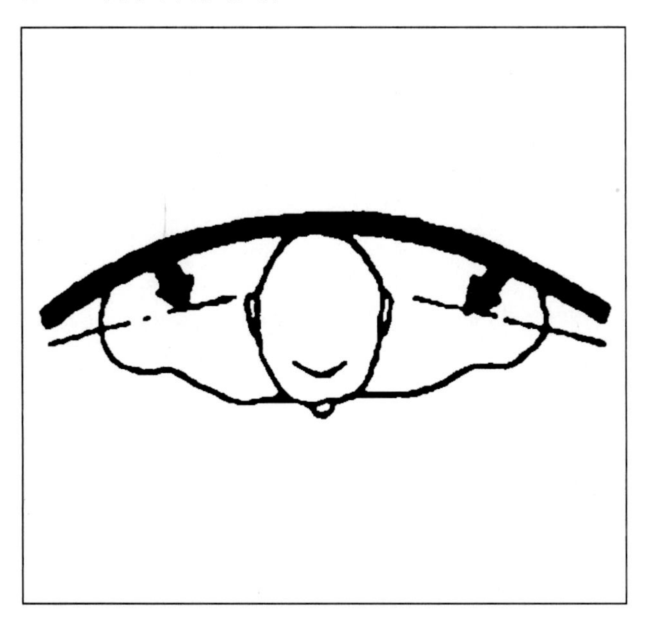

图4-17 靠背宜随人的背部移动

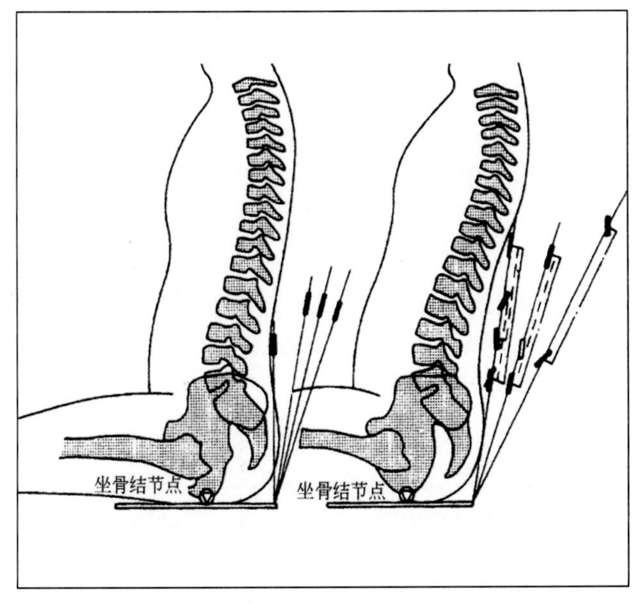

（5）扶手

椅的扶手可以使人的肘部和前臂支撑其上，承担部分上身的重量，以减轻脊柱的负荷（图4-18）。扶手的基本要求是：其位置要与人肘部和前臂的活动范围和自然姿态相适。

独立的椅，其扶手内宽要考虑：①扶手不会妨碍手臂的活动；②留出衣袋装物和手从衣袋取物所需的空间。扶手内宽应是常规的坐面宽度加至少50mm，一般在475mm以上。

成排的椅，其扶手内宽还要考虑相邻使用者的关系，应使相邻坐着的人的肘部和前臂不会相互妨碍。这时的坐面宽度和扶手内宽应以身材较高者为参考，可采用第95百分位的值。

扶手高度通常在坐面以上200mm左右，并且扶手的距地高度应小于桌下空间的净高，以便将椅推入桌下空间。

（6）椅的常规尺寸

椅的常规尺寸见图4-19。

椅的中国尺寸标准见表4-1。

沙发的中国尺寸标准见图4-20、图4-21和表4-2。

各类椅的常规尺寸见图4-22。

图4-18　扶手的作用

图4-19　椅的常规尺寸（单位：cm）

注：※表示可变、任意。

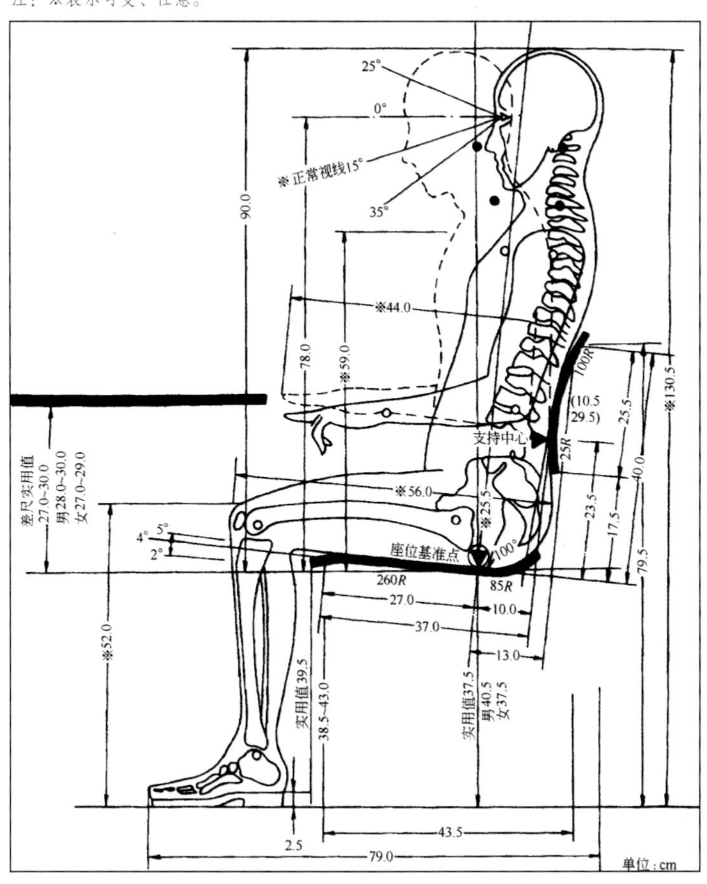

表4-1　椅的中国尺寸标准/mm

坐面高度 H_1	坐面深度 T_1	坐面倾角 α	靠背宽度 B_2	靠背高度 L_1	靠背倾角 β	扶手内宽 B_1	扶手高度 H_2
380 ～ 410	440 ～ 540	4° ～ 6°	500 ～ 550	400 ～ 540	102° ～ 104°	510 ～ 550	150 ～ 200

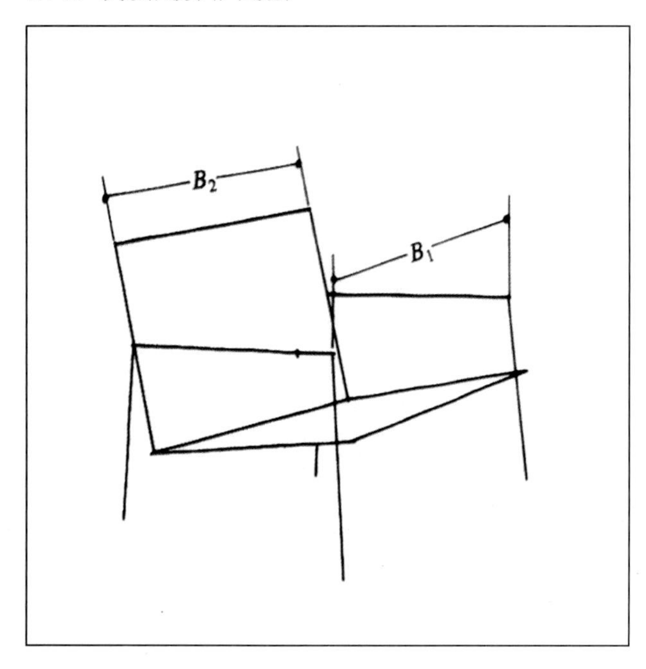

图4-20　沙发的尺度名称（透视）

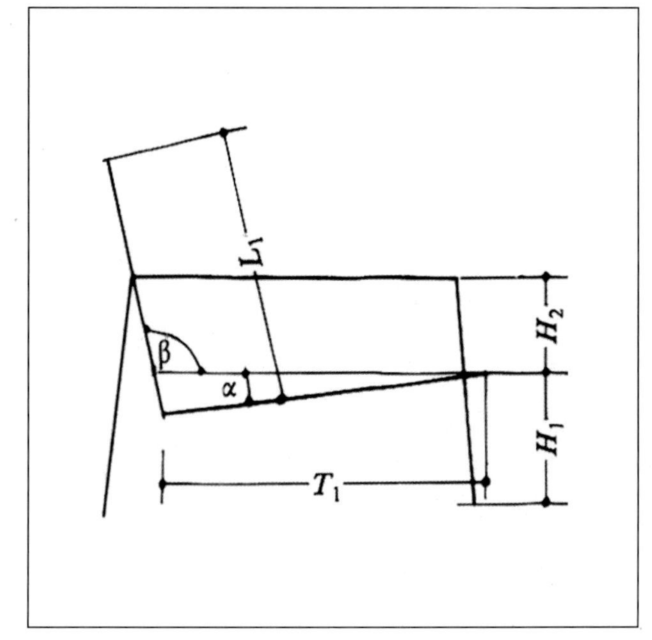

图4-21　沙发的尺度名称（W面）

表4-2　沙发的中国尺寸标准/mm

坐面高度 H_1	坐面深度 T_1	坐面倾角 α	靠背宽度 B_2	靠背高度 L_1	靠背倾角 β	扶手内宽 B_1	扶手高度 H_2
380 ～ 410	440 ～ 540	$4H_2$ ～ $6H_2$	500 ～ 550	400 ～ 540	102° ～ 104°	510 ～ 550	150 ～ 200

图4-22　各类家具的常规尺寸（单位：mm）

床的长、宽、高

床的设计有两个方面，一是尺寸，二是材料。前者与床最基本的使用要求有关，且会影响到室内空间的尺度；后者与人的健康和舒适有关。

人在睡觉时处于相对静止的状态，但人的睡觉姿势各个不同，且人在睡觉时都会有翻身，甚至挥手、蹬腿等动作，姿势和动作都要占有一定的空间，所以，床的尺寸不仅要考虑人的身材大小，更要考虑人在睡觉时肢体可能的活动范围（图4–23、图4–24）。

床按用途有单人、 双人、单人双层、单人三层之分，这几种床在不同的场所都有其不同的长、宽、高尺寸。例如，船舱里的床、火车上的床与旅馆的床、家庭的床都不一样，即便是船舱里的床，邮轮上的和兵舰上的不一样；即便是火车上的床，软卧与硬卧又不一样。以下仅以家庭用床说明其常规尺寸（图4–25、表4–3）。

一般而言，床的长、宽尺寸比较稳定，不同厂家生产的规格也较一致。床的高度则会随床垫的不同、使用者的习惯而有稍多的变化。

图4–23 人的睡觉姿势

图4–24 人在睡觉时肢体可能的活动范围

图4-25　床的长（L）、宽（B）、高（H）

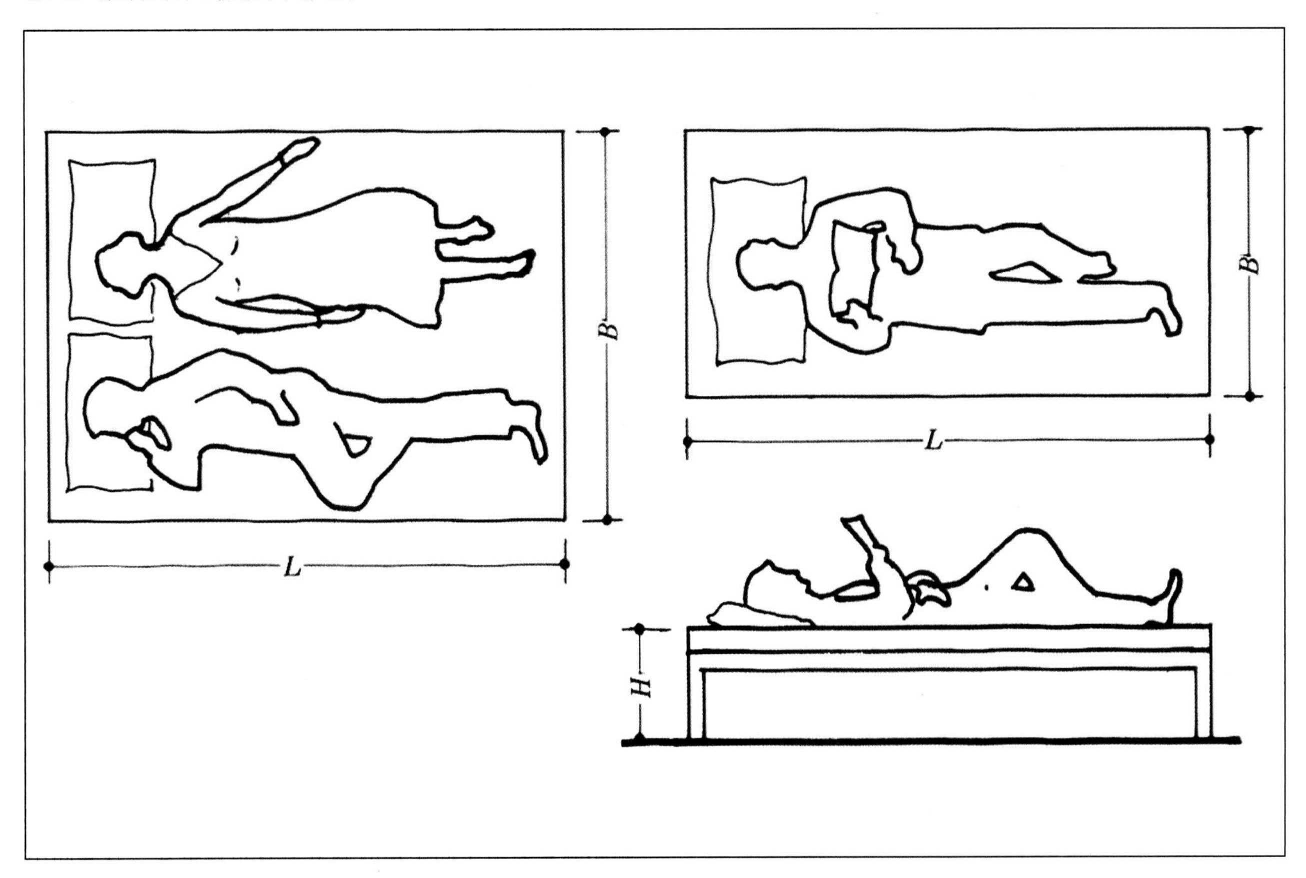

表4-3　床的长、宽、高（单位：mm）

规格	单人床			双人床		
	长 L	宽 B	高 H	长 L	宽 B	高 H
大	2000	1050	450	2000	1500	450
中	1900	900	420	1900	1350	420
小	1850	850	420	1850	1200	420

4.2 室内空间与设施的尺度

室内空间尺度的确定

决定室内空间大小的设计因素有两个：一是使用功能；二是视觉要求。

室内空间的使用功能与人体的功能尺度、与所容纳的活动特征以及家具设备的三维尺寸有关，这些因素对室内空间尺度的规定是“刚性”的。例如，棉纺车间的柱网尺寸就是由纺机的大小、物料运输所需的空间、工人方便操作的范围所确定的。设计一座棉纺车间时，通常先由工艺工程师先做工艺流程的设计——画好纺机的布局、通道的位置、由纺机和通道所确定的柱距等，再提交给建筑师和其他专业的工程师进行具体的建筑设计❶。在生产领域（工业和农业），每个行业的生产流程各有其特点，从一个行业获取的经验数据一般不会适用于另一个行业的生产环境设计。即便是通用厂房，其常规的6m × 9m的柱网只适用于一部分行业的生产流程（一般是轻制造业，诸如制鞋、成衣、家用电器组装等），并且这种适用也只是“基本适用”，而不是“完全适用”，如果细究各行业的生产特点，肯定6m × 9m柱网对有的生产偏大而有浪费，有的则偏小而显局促。所以，生产领域空间尺度如生产行业门类，是多样而复杂的。

室内空间的视觉要求与文化内涵、使用者的个人喜好、人的视觉特征有关。法院建筑要求有庄严、超然的形象，于是空间的尺度一般会较常规的、实用的尺度更大；乡村酒馆为营造亲切、温暖的氛围，空间的尺度就会偏小；展览馆、美术馆为了避免室内眩光，外窗会尽量开得高些，以避开观赏者的视野，随之，整个空间的高度都会加大。这些，都是视觉要求影响室内空间尺度的例子。

那么，内容如此丰富的室内空间，从学校到旅店，从居室、客厅到茶馆、酒楼……，其尺度的确定是否无章可循呢？其实对于大量性的生活空间而言，尺度的确定是有据可依、有章可循的。对于无特殊设备要求、无特别文化背景的生活空间而言，确定其室内空间大小的依据就是前已述及的内容：其一是人体功能尺寸；其二是家具尺寸。常规生活空间的适用尺度，基本上就是这二者的代数和，再辅以经验的修正，这是基本原理。以下略举数例说明之。

（1）桌边空间

人坐桌边，从桌沿至椅背后缘的距离一般在450 ~ 610mm，这个数据且称之为静坐空间（图4-26、图4-27）。但桌边空间应该大于这个值，因为它还需考虑人入座时和起身时挪开座椅所需的宽度，也就是人的立姿大腿厚度与座椅深度之和再加上适度余量，一般在760 mm以上（图4-28、图4-29）。如果桌边还需留有通道，例如饭店餐桌旁侍者的服务空间，那么它至少再加上760 mm的宽度——这是人的肩宽与两臂的自然摆幅之和。在条件局促时，入座起身所需的空间与桌边通道的空间是可以重合的，即桌边空间可以是通道空间加上坐姿空间（图4-30、图4-31）。但这样设计的前提是，入座起身的频度不能与人在桌边通行的频度相近，否则就会相互干扰。

单人最佳进餐布置尺寸见图4-32。

三人进餐布置尺寸见图4-33。

---

❶就此，我们不难理解早期的人机工学家大多出自生产第一线的管理工程师或工艺专家这一现象，例如弗雷德里克•泰勒（Frederick Taylor）、亨利•福特（Henry Ford）等。

图4-26　桌边空间

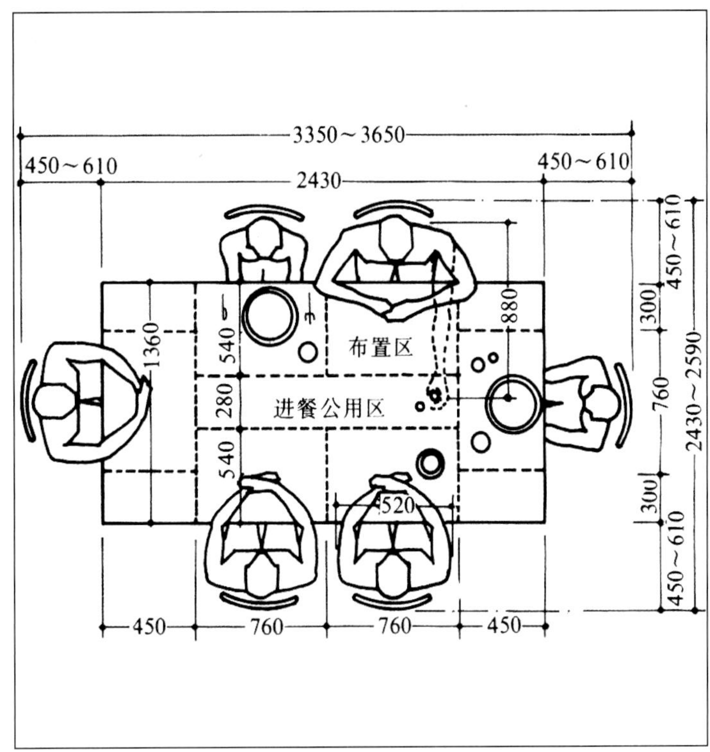

图4-27　桌沿至椅背后缘的距离（单位：mm）

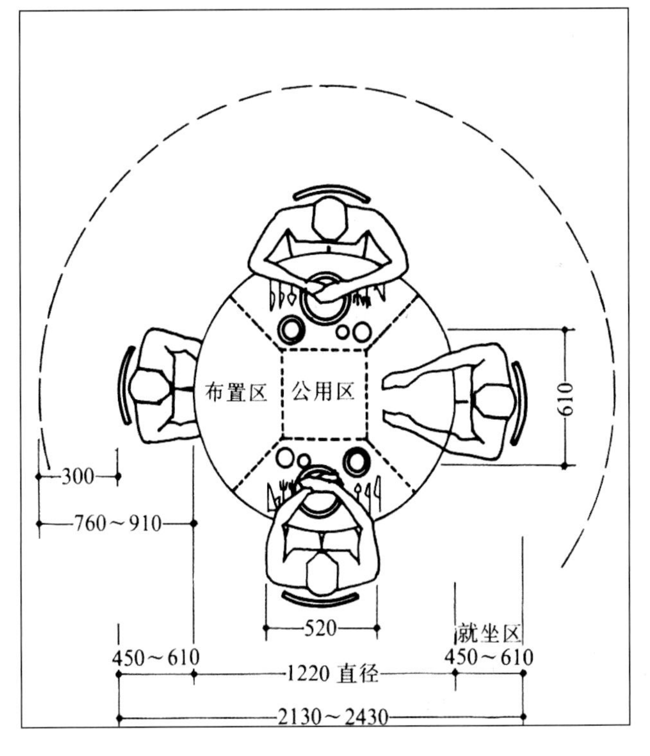

图4-28　桌边入座和起身的空间（平面）（单位：mm）

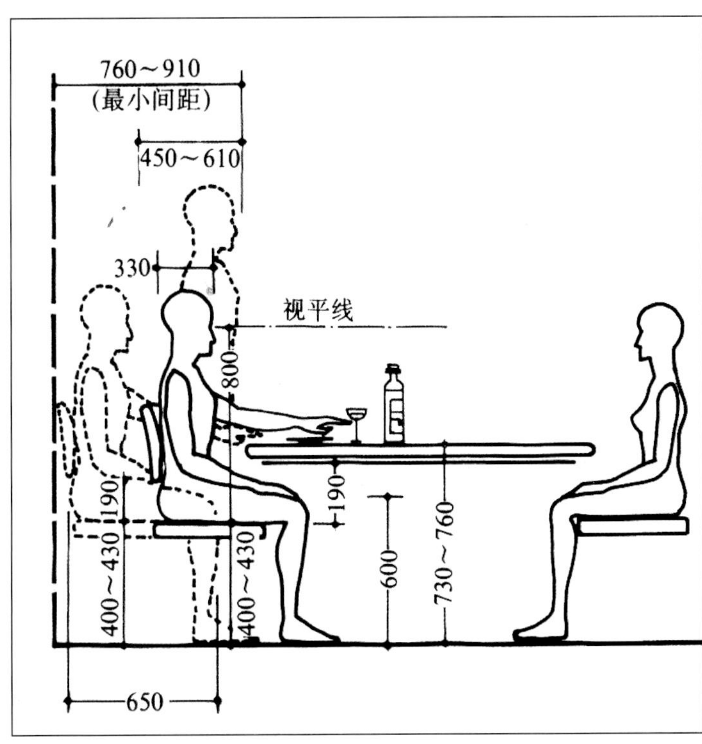

图4-29　桌边入座和起身的空间（立面）（单位：mm）

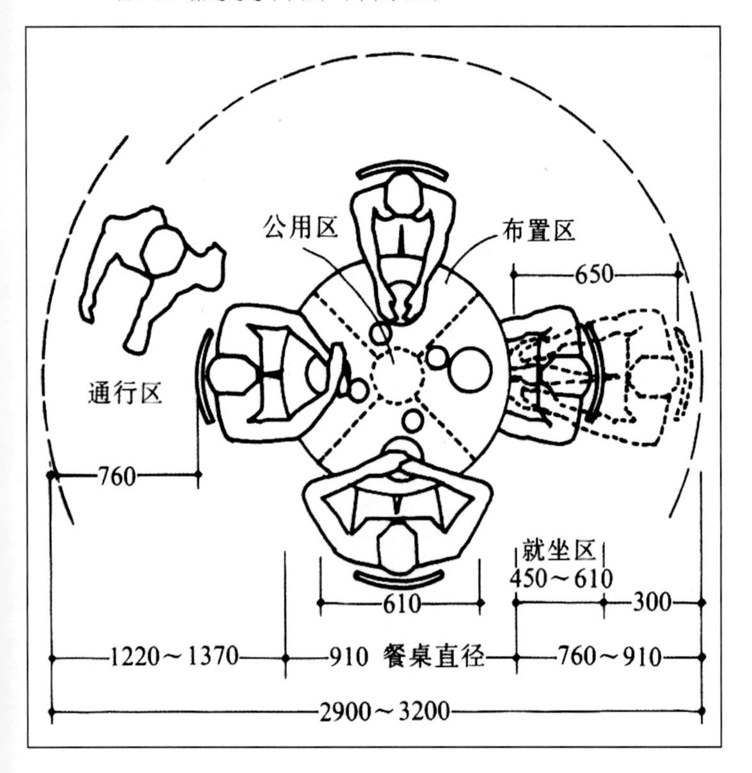

图4-30 桌边通道（平面）（单位：mm）

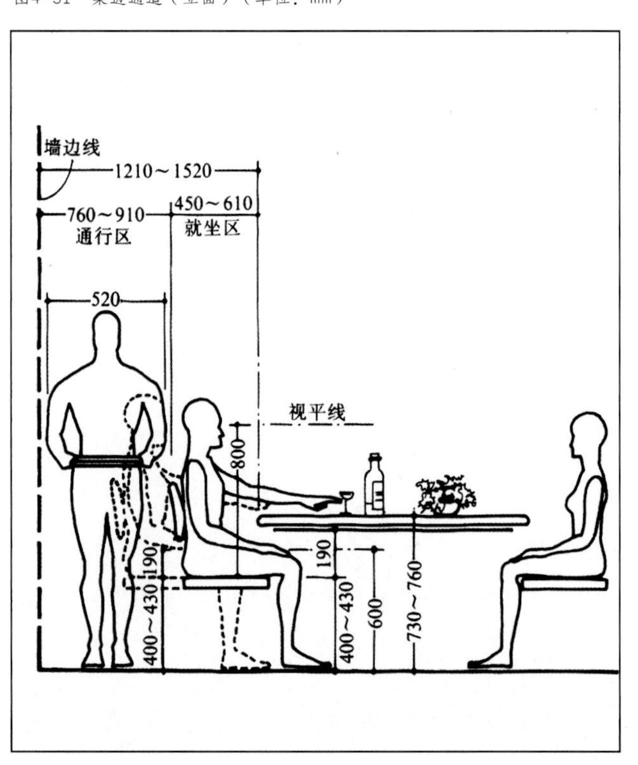

图4-31 桌边通道（立面）（单位：mm）

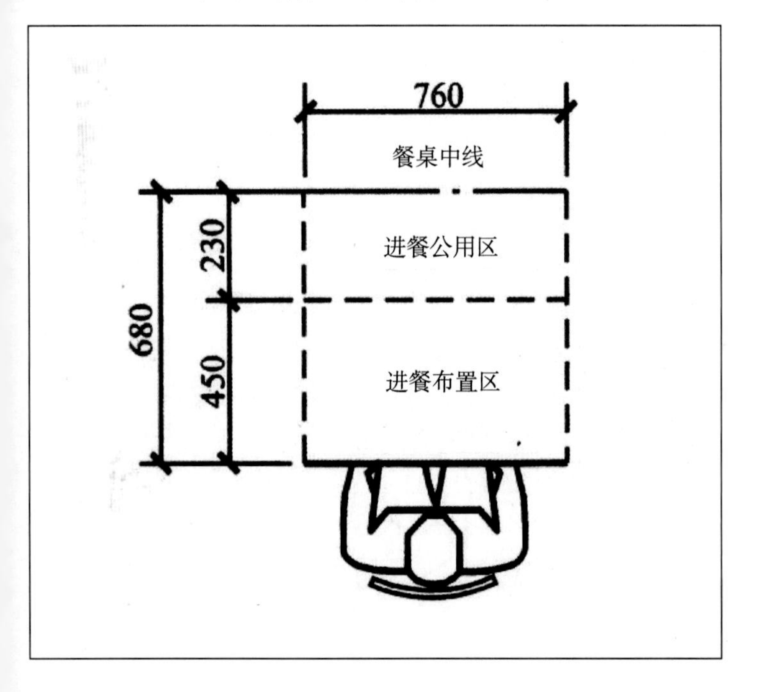

图4-32 单人最佳进餐布置尺寸（单位：mm）

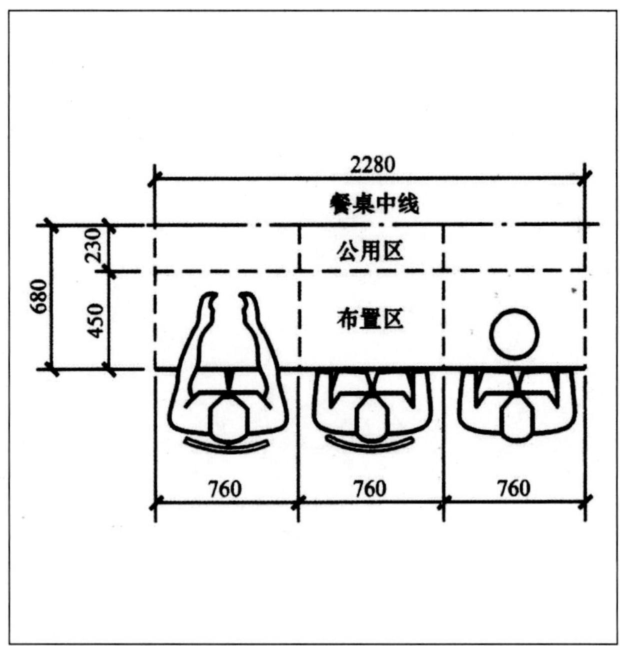

图4-33 三人进餐布置尺寸（单位：mm）

（2）床的空间

床边空间（图4-35）的尺寸不宜按普通家用床头柜的宽度（400mm左右）来计算，而应考虑人的通行宽度、人整理床铺（立姿和蹲下）所需的空间和人蹲下从床边衣柜或抽屉取物所需的间距（图4-34～图4-36）这三种可能。其中，人蹲下从床边衣柜或抽屉取物所需的间距并非人的蹲姿所占据的空间，而是人蹲下所占据的空间加上衣柜门扇和拉出抽屉所需的间距。这几个因素中，宜按大的考虑，因为较大空间可以包含较小空间的要求。

床边人通行和整理床铺所需的空间见图4-37。

书桌与梳妆台所需的空间见图4-38。

图4-34　床边空间

图4-35 床边人通行和整理床铺所需的空间（单位：mm）

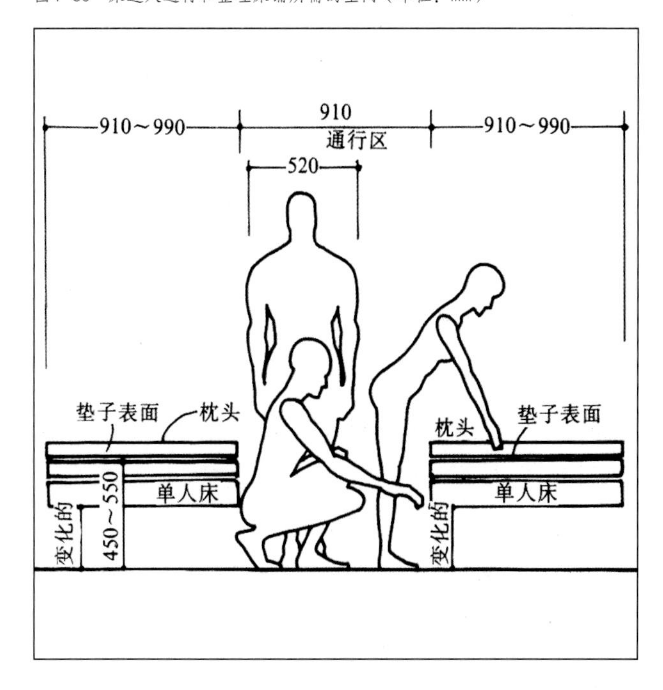

图4-36 人蹲下从床边抽屉取物所需的间距（单位：mm）

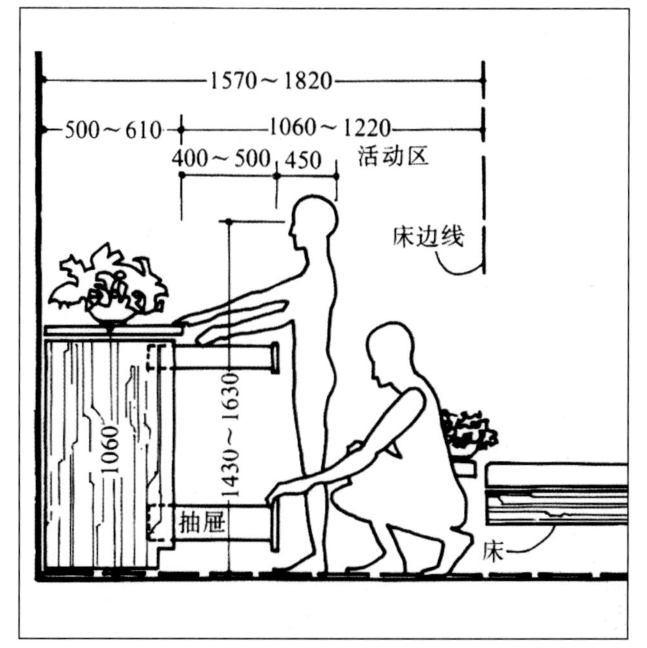

图4-37 床边人通行和整理床铺所需的空间（单位：mm）

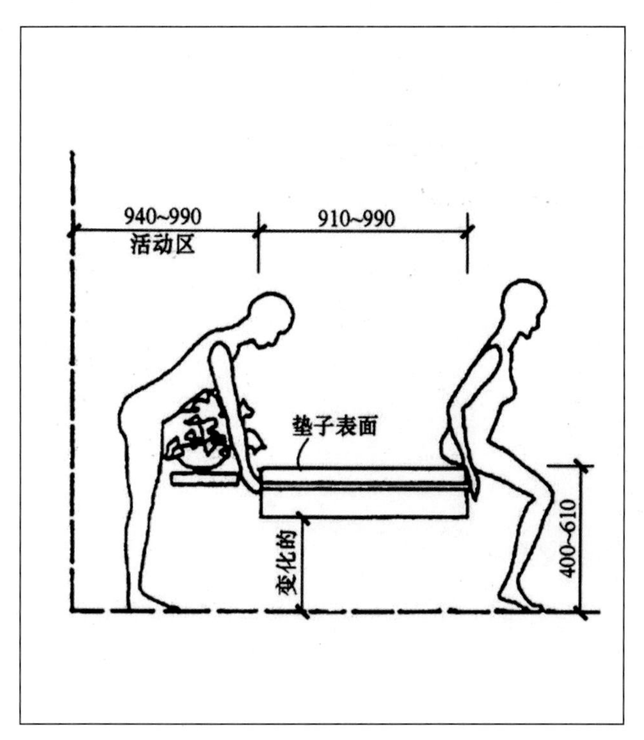

图4-38 书桌与梳妆台所需的空间（单位：mm）

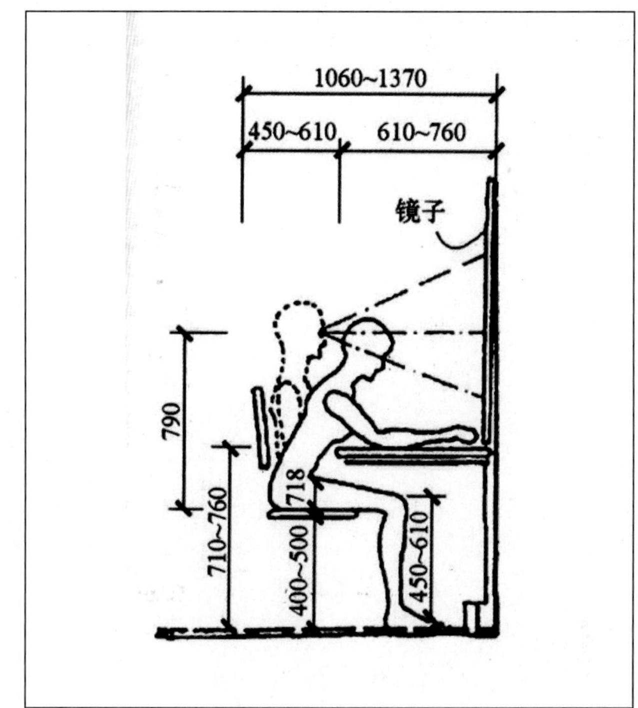

如果是单层床，床上通常会有足够的空间高度。按中国大量性城市住宅的室内净高2650mm考虑，床沿高度在400～600mm之间，那么单层床上方的空间高度应该在2050～2250mm左右。这个高度供人站立也绰绰有余。但如果是双层床，那么床上的空间高度就与人的坐高相关了，此时宜按大个子的坐高（第95百分位）加上他坐在床上穿脱套头衣服时两臂上举所需的空间来考虑。在条件局促时，双层床上的空间高度也应至少是人的坐高加上适度余量（图4-39）。

图4-39　双层床上的空间高度（单位：mm）

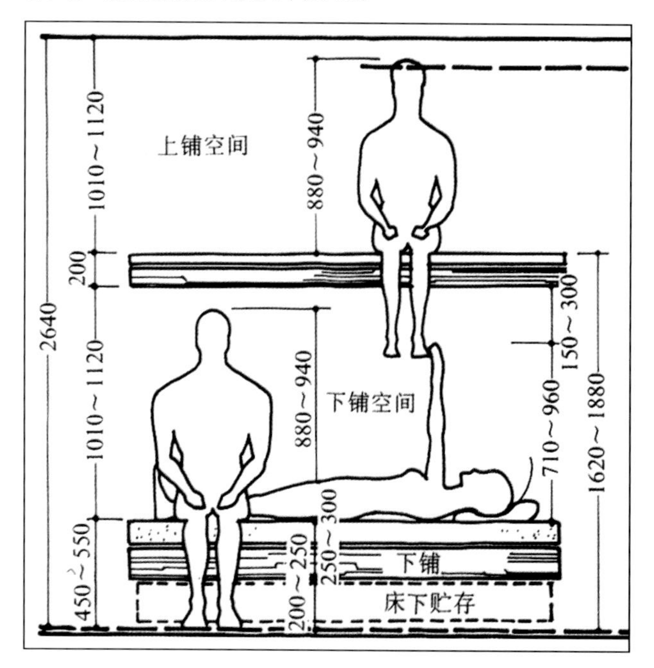

（3）居室宽度

床是居住空间里尺度最大的家具，所以居室——以平面为矩形者为例——的宽度首先决定于床的大小及其布置方式，其次才是其他家具的大小和布置。

如果床与居室的宽度方向垂直布置，这时居室的最小净宽应该是：

单人床宽 + 房门空间（门扇、门框、门垛）+ 适度余量。

单人床的宽度前已述及，是1000mm，房门（平开门）的开启半径至少是800mm，门框厚度两边共约100mm，门垛厚度约130mm[❶]，再加适度余量，则床与居室的宽度方向垂直布置时，居室的净宽应至少是2100mm，且在宽度方向必须有至少1000mm的完整墙面，即床位空间。但通常，床头需放置一床头柜，考虑床头柜的可能宽度及它与床的间隙，那么，床与居室的宽度方向垂直布置时，其最小净宽应按2700mm考虑（图4-40）。

图4-40　床与居室的宽度方向垂直布置时居室的最小净宽（单位：mm）

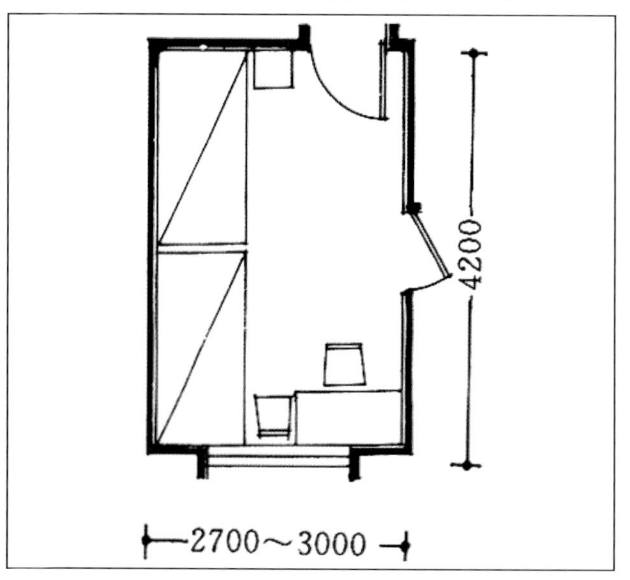

❶门垛厚度与墙体材料和构造做法有关。这里的130mm是以中国大陆烧结普通砖及其常规砌式为参考的。

图4-41 床与居室的宽度方向平行布置时居室的最小净宽（1）（单位：mm）

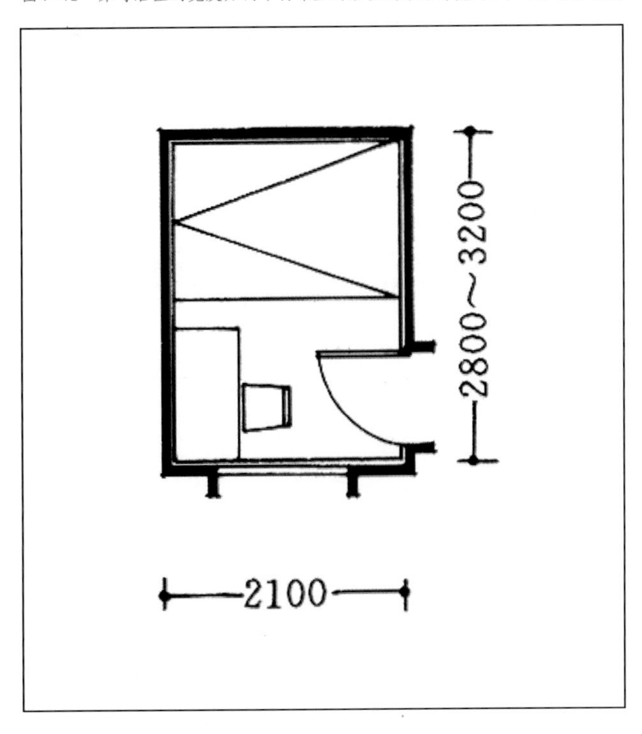

如果床与居室的宽度方向平行布置，且床位与房门错开，这时居室的最小宽度应该是：

床长＋适度余量。

床的长度前已述及，是2000mm，那么居室的最小净宽就是2100mm（图4-41、图4-42）。

如果床位在长度上与房门并列，这时居室的最小宽度应该是：

床长＋房门空间（门扇、门框、门垛）＋适度余量。

床长、房门照前所述，再加适度余量，则床与居室的宽度方向平行布置，且床位与房门并列时，居室的净宽应至少是3200mm（图4-43～图4-45）。

居室只有在满足床位空间后，才有进一步追求舒适度和视觉效果的可能。

（4）厕所宽度

以公共厕所为例，厕所的净宽决定于厕位隔间的大小、隔间门扇的开启方向、隔间外通道的宽度这3个因素。

厕位隔间的大小由人整理衣裤所需的空间和隔间门扇的大小、开启方向来确定。隔间的宽度一般为900mm。（隔间内若有下水立管通过，则需增加管道所占的空间约150mm，所以有下水立管穿越的厕位隔间的宽度一般在1050mm左右。）隔间门扇内开时，隔间的深度是1400mm，外开时为1200mm。隔间的门扇按一人通过考虑，为600mm。

图4-42 床与居室的宽度方向平行布置时居室的最小净宽（2）（单位：mm）

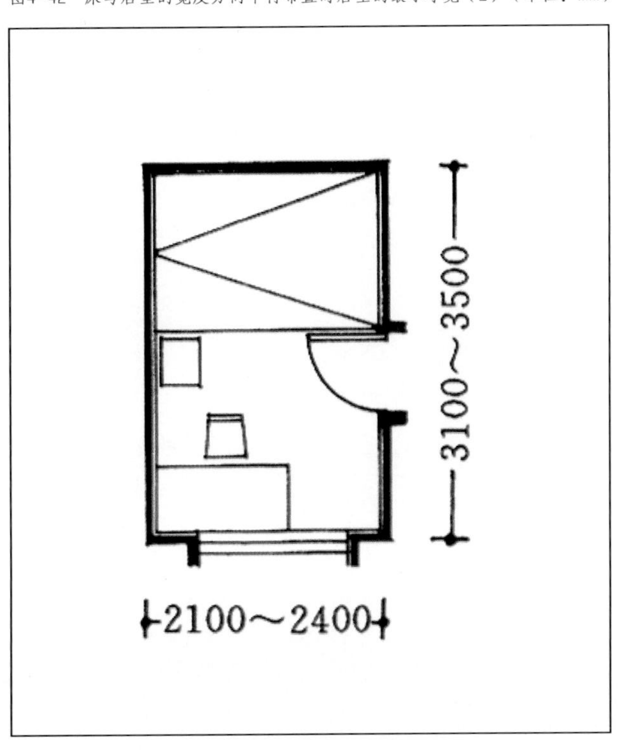

图4-43 床与居室的宽度方向平行布置时居室的最小净宽（3）（单位：mm）

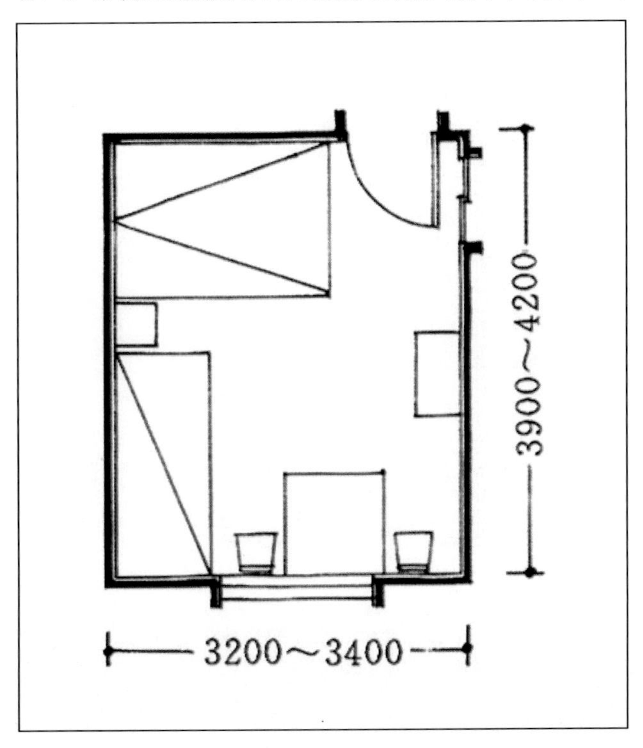

图4-44　床与居室的宽度方向平行布置时居室的最小净宽（4）（单位：mm）

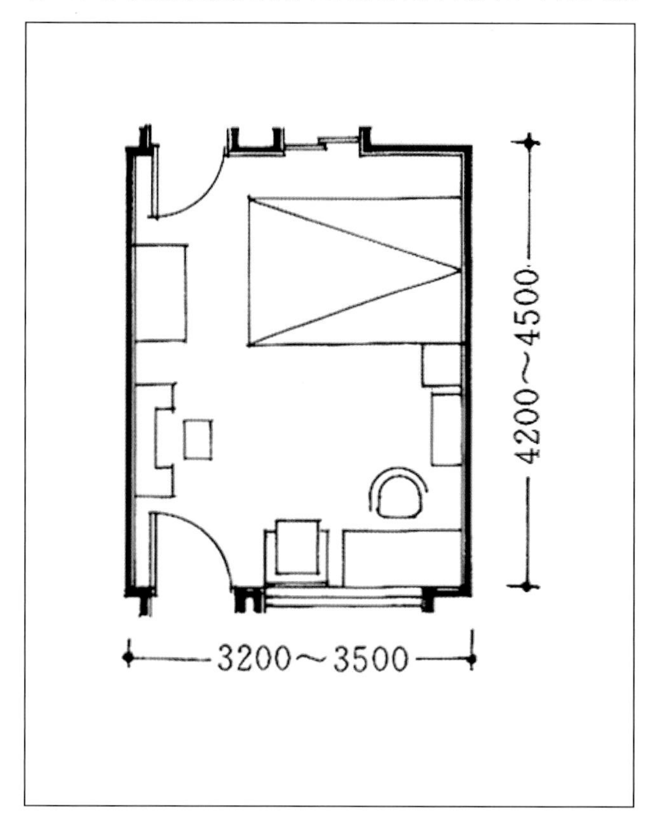

图4-45　床与居室的宽度方向平行布置时居室的最小净宽（5）（单位：mm）

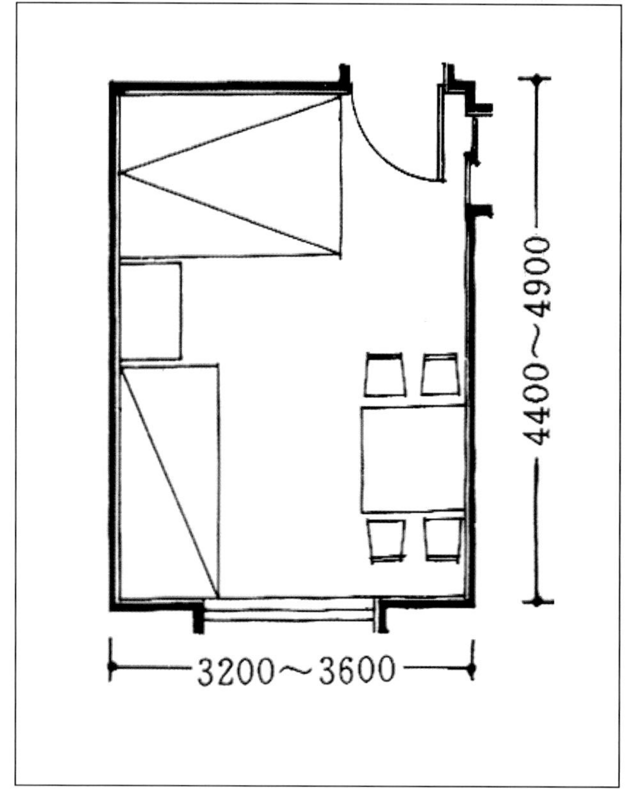

隔间门扇内开时，厕位隔间外通道的宽度按两人擦肩而过所需的空间确定，至少是1100mm，则厕所的净宽就是1400mm（隔间深度）加1100mm（通道宽度），为2500mm（图4-46）。隔间门扇外开时，厕位隔间外通道的宽度应考虑适当的避让空间，为1300mm，则厕所的净宽就是1200mm（隔间深度）加1300mm（通道宽度），也是2500mm（图4-47）。如果厕位隔间的对面需设置男用小便位，那么厕所的净宽就在上述2500mm的基础上再加小便位的深度700mm（图4-48）。

综上所述，可以归结出如下经验数据：女厕所的最小净宽为2500mm，男厕所的净宽为3200mm。

由此可见，一般情况下，确定一个空间长、宽、高适用的大小不是一项艰难的任务，它需要的只是细心、耐心（全面考虑各相关因素）和确切、翔实的数据（使用人群及其百分位）。如果再加一定的经验，一般都能设计出在尺度上相当适用的空间。掌握了确定普通室内空间适用尺度的原理，再去考虑使用要求较复杂的空间的尺度也就不难了，只不过考虑的因素再多些（使用者的心理因素、文化因素等），所需的参数再多些而已（例如建筑设备的安装要求）。

图4-46　厕所的净宽（厕位隔间门内开）（单位：mm）

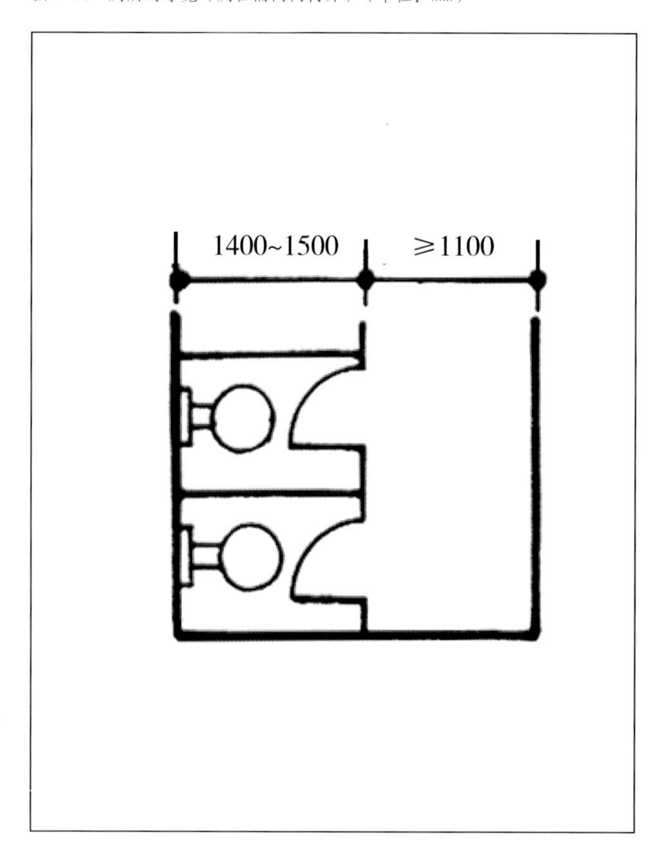

图4-47 厕所的净宽（厕位隔间门外开）（单位：mm）

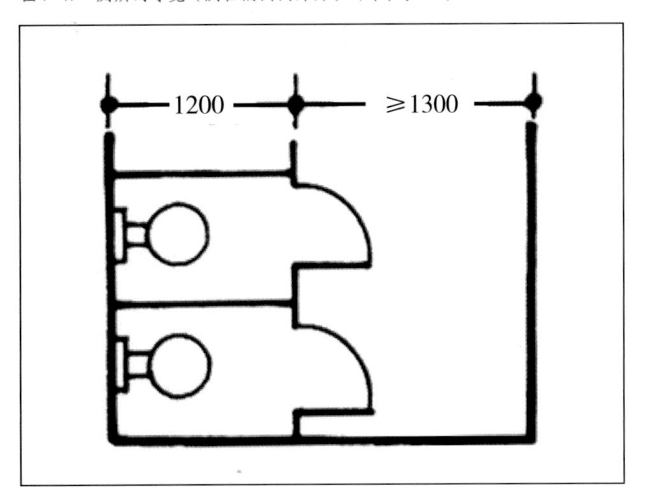

图4-48 厕所的净宽（男厕所）（单位：mm）

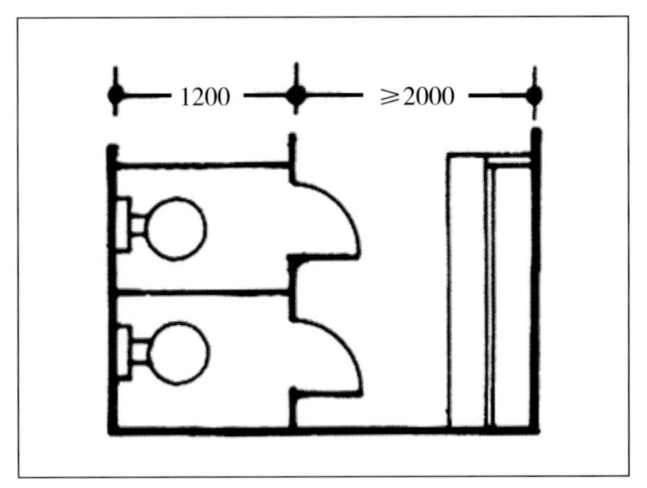

楼梯与台阶

楼梯和台阶是竖向交通最常用的设施。一般空铺（架空）的叫楼梯，实筑的叫台阶。二者在确定尺度上的原理是一样的。

楼梯按其形式，有直跑楼梯（图4-49）、弧形楼梯（图4-50）、螺旋楼梯（图4-51）3种，直跑楼梯和弧形楼梯按梯段的数量又有一跑（即1个梯段）和多跑之分，螺旋楼梯通常只有一跑（从头至尾，中间没有平台）。直跑楼梯是最常见的楼梯。下面以之为例，解说楼梯设计中的人体因素。

图4-49 直跑楼梯

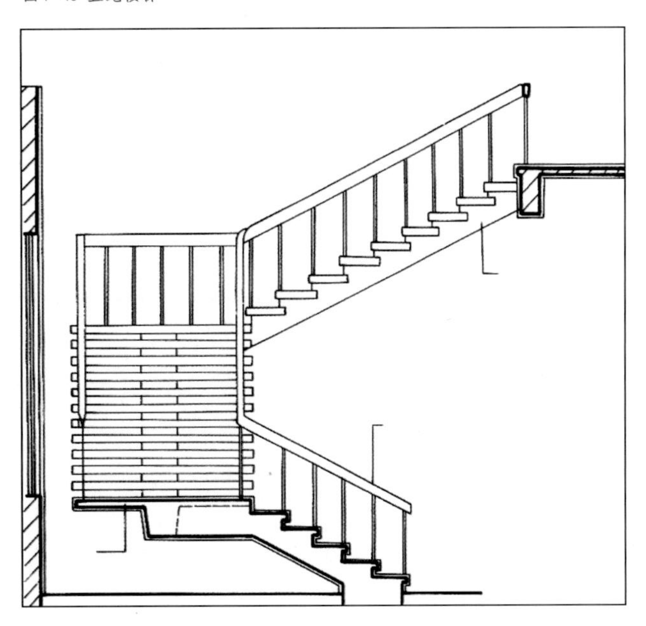

图4-50 弧形楼梯

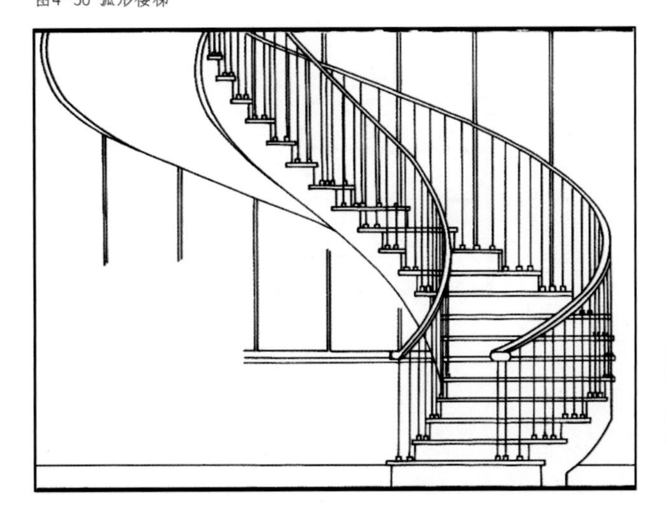

图4-51 螺旋楼梯

楼梯由梯段与平台构成。楼梯有阶级的部分叫做梯段，梯段的净宽是指梯段边墙面至梯段另一边扶手中心线或梯段两边扶手中心线之间的水平距离。梯段的净宽是按通行的人流数（股）来确定的。每股人流的宽度按人体宽度加两臂的自然摆幅计算，梯段的净宽需在此基础上再加适度间隙。所以，单股人流楼梯的宽度通常在750～900mm之间，两股人流楼梯的宽度在1100～1400mm之间，三股人流楼梯的宽度在1650～2100mm之间（图4-52），依此类推。

楼梯应至少一侧设扶手，梯段的净宽达3股人流时应两侧设扶手，达4股人流时宜加设中间扶手。楼梯扶手的高度应大于人的重心高度，以避免人体靠近扶手时因重心外移而坠落。中国1980年14个省人体测量的结果显示：男性平均身高为1656mm，折算成人体直立状态下的重心高度是994mm，考虑穿鞋修正量（20mm）后的重心高度为1014mm。所以，从踏步的前缘量起，楼梯扶手的高度不宜小于1000mm，且应随临空高度的增加而增加，从生理和心理两方面满足人的安全需求。通常，临空高度在24m及24m以上时，扶手高度不低于1100mm。

有儿童经常使用的楼梯，扶手下的栏杆必须采用防攀爬的构造，即栏杆不应有适于攀爬的横向构件。当采用垂直杆件做栏杆时，杆件的净距应小于等于110mm（儿童头宽），以防儿童钻出坠落。当楼梯井❶的宽度大于200mm（儿童胸背厚度）时，也应采取相应的防攀爬措施，防止意外发生（图4-53）。

楼梯中连接梯段与梯段的部分叫做楼梯平台。梯段改变方向时，平台在扶手转向处的宽度应大于等于梯段的宽度，为行人拐弯或上下行人相互避让留出空间。当楼梯会有大型物件通过时，这个宽度还应适量加宽（图4-54）。

为保证人在行进时不碰头和不产生压抑感，梯段的净高一般应满足人向上伸直手臂时手指刚触及正上方突出物下缘一点为限，所以，梯段的净高[梯段的净高为自踏步前缘（包括最低和最高一级踏步前缘线以外300mm范围内）量至上方突出物下缘间的垂直高度]应大于等于2200mm，相应地，楼梯平台的净高应大于等于2000mm（图4-55）。

楼梯的坡度是用阶级的高深比来衡量的，阶级的高深比则由楼梯的使用要求和人的自然步距来确定，它应满足安全、方便、舒适的要求。楼梯的坡度一般控制在30° 左右，对只有少数人使用的楼梯（例如通往阁楼的楼梯）可放宽要求，但其坡度也不宜超过45° 。

楼梯的坡度可按下述公式计算：

$$2r+g=D$$

式中，r为阶宽，亦称踏面宽度；g为阶高，亦称踢面高度；D为自然跨步的水平长度。

图4-52　楼梯的宽度（单位：mm）

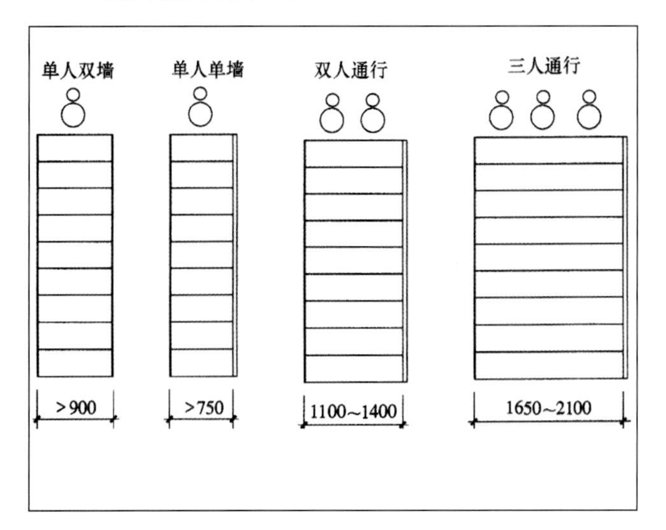

图4-53　垂直栏杆间的净距应能防止儿童钻出

❶水平投影并置的两个梯段，其相近边缘之间的空间叫做楼梯井。

图4-54 楼梯平台宽度

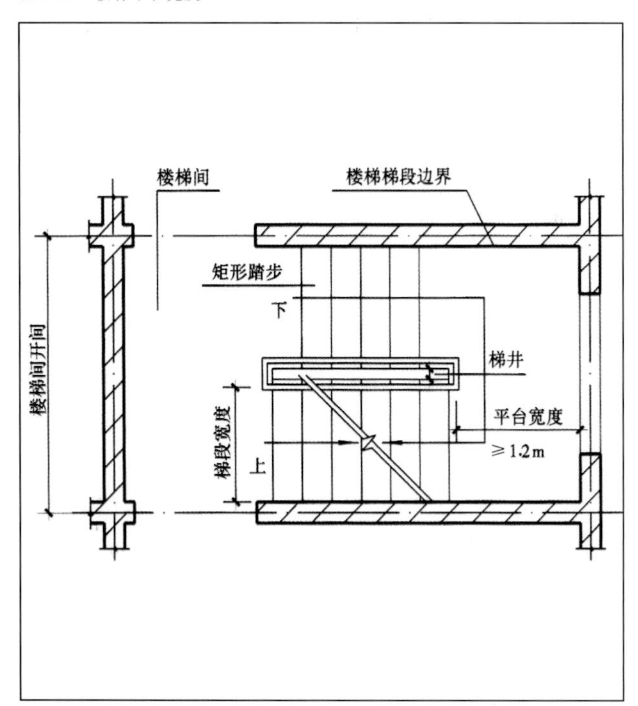

图4-55 梯段的净高（单位：mm）

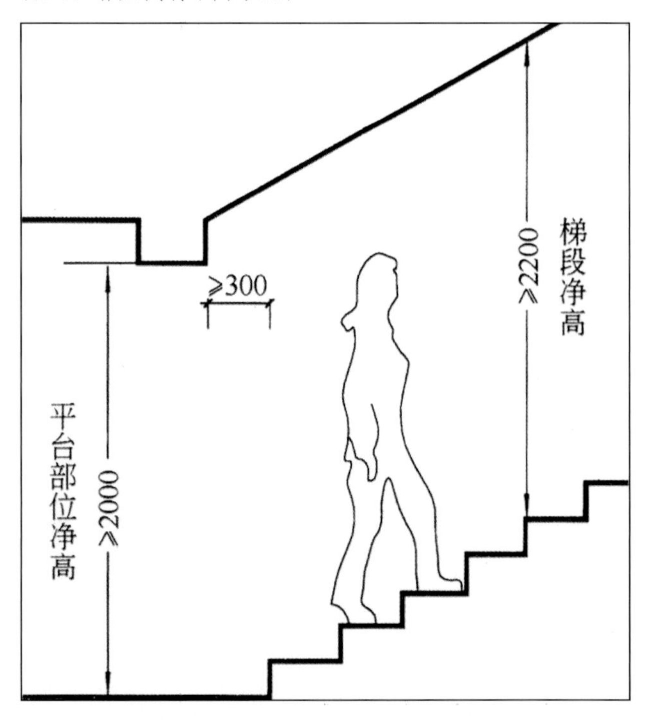

表4-4 常用楼梯的坡度设计

楼梯用途	阶深 /mm	阶高 /mm	坡度 /(°)	步距 /mm
住宅公用楼梯	260	175	33.94	610
幼儿园，小学楼梯	260	150	29.98	560
电影院，商场楼梯	280	160	29.74	600
疏散楼梯	250	180	35.75	610
服务楼梯	220	200	42.27	620
其他楼梯	260	170	33.18	600

自然跨步的水平长度于成人和儿童、于男性和女性、于青壮年和老年人均有所不同，一般在560～630 mm之间（儿童在560mm左右，成人平均600mm左右）。据此，常用楼梯的坡度设计可归纳于表4-4。

此外，考虑到一般人的体能和人上下楼梯时的心理准备，每个梯段的踏步数不应超过18级，亦不应少于3级。

台阶的尺度可参照楼梯的原理来设计，唯坡度宜稍缓（图4-56）。公共建筑室内外台阶的踏面宽度不宜小于300 mm，踢面高度不宜大于150 mm，并不宜小于100 mm。

图4-56 台阶的坡度比照楼梯宜稍缓

4.3　城市空间的尺度

城市空间尺度包含两方面的内容：一是城市节点到节点的水平距离；二是城市空间的高宽比例，尤其是街道的高宽比例。

节点水平距离

城市节点指的是城市中有较强功能或有鲜明形象的设施，例如交叉路口、地铁站、特色商店、加油站等。节点水平距离的确定有两个依据，一是人的步行距离，第二是车行距离。与人的步行距离相适的水平距离是宜人的、方便的尺度。步行距离适宜与否与步行导致的疲劳感和环境条件引起的心理反应有关。

城市的地面公共交通车站间的平地距离一般在400～800m，这个尺度是以人的体能消耗、环境条件和心理反应为参照而定的。人从这个距离内的任一点出发，到达最近的公交车站，最大距离不过400m左右，相当于在标准田径赛场绕行1周。按人中等速度步行60m/min计，这段距离步行需6min左右。人在平地轻负荷（10～30 kg）中等速度步行时的能耗率约为15～22kJ/min，则轻负荷中等速度步行这段距离需耗能120～188kJ，占人日均正常能耗的1%～3%[1]，如果零负荷步行，那么能耗将更小。所以，这个距离（平地）是多数人可以承受的。

通常，越往市中心，公交车站间的距离越小；越往郊外，公交车站间的距离越大。因为在市中心人的活动较多，从一地到另一地往来人次较大，郊外的情况则相反。当然，并非市中心公交车站间的距离越小越好，因为公交车站的设置，还有道路条件、社会条件等许多因素的影响。

公交车站间400～800m的平地距离可以作为控制城市节点水平距离的参考。当环境吸引力不强，适当缩短节点间的距离；当环境有较强吸引力时，适当放大节点间的距离。图4-57所示是不同环境条件下的步行距离控制参考值。与表4-4所列相应的实例有：美国明尼阿波利斯的尼科莱德步行街，长1500m，是表4-4中所列的最大值；中国上海的南京路步行街（图4-58），长1033m（从河南中路至西藏中路），已近最大步行距离，但在其中点处（福建中路）建有一休闲广场（世纪广场），有鲜明的形象变化吸引行人，且有较多的休闲设施供人驻足（图4-59）。

图4-57　不同环境条件下的步行距离控制（单位：mm）

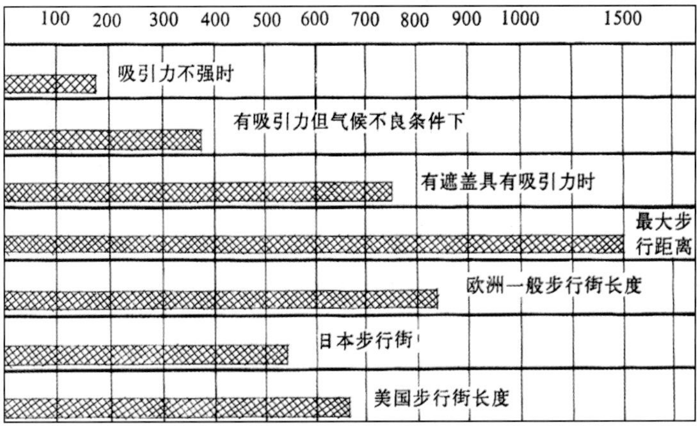

100　200　300　400　500　600　700　800　900　1000　1500
吸引力不强时
有吸引力但气候不良条件下
有遮盖具有吸引力时
最大步行距离
欧洲一般步行街长度
日本步行街
美国步行街长度

[1]人日均正常能耗，少的只需6278kJ（1500kcal）左右，多的则在12557kJ（3000kcal）以上。

图4-58　中国上海南京路步行街

图4-59　中国上海南京路步行街世纪广场

街道的高宽比

街道的高宽比是道路两边建筑物隔街的直线距离（D）与建筑物沿街高度（H）的比值，亦称路幅比。道路两边建筑物隔街的直线距离不等于道路宽度，而是道路宽度——城市规划机构划定的道路红线间距——加上建筑物由道路红线向外退让的距离。

街道的高宽比直接影响到街道空间的积极与消极、开放与封闭、沿街建筑物立面的观赏等环境的视觉品质，也直接影响到日照、通风等环境的物理品质。普通建筑之间的距离如果太近，居北的建筑就会因居南的建筑的遮挡而不能享有充分的日照（图4-60），甚至相互间还会有消防安全之虞；高层建筑之间的距离如果太近，除了日照、消防的隐患，还会加剧局部环境的热岛效应和狭管效应。建筑物隔街的直线距离如果太远，则会导致行人过街不便，环境缺乏亲密感。

日照、消防等问题都与人的健康、安全相关，环境设计过程中遇到的此类问题，一般都会有城市规划部门、卫生部门、公安部门依法管理或给予指导。例如，《上海市场市规划管理技术规定（2003）》中就有规定："沿路一般建筑的控制高度（H）不得超过道路规划红线宽度（W）加建筑后退距离（S）之和的1.5倍，即 $H \leqslant 1.5(W+S)$；沿路高层组合键在用户的高度按下式控制：$A \leqslant L(W+S)$"（图4-61~图4-63）。这里仅从空间气氛的营造与沿街建筑物立面的观赏的角度谈谈街道的高宽比。

图4-60　美国芝加哥中心城区鸟瞰

图4-61　沿路一般建筑高度的控制

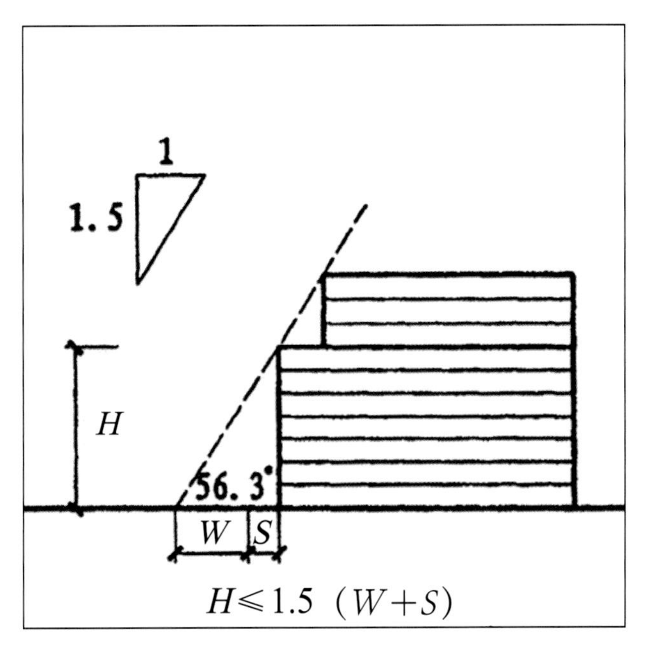

图4-62　沿路高层组合建筑高度的控制（轴测）

$$A \leq L(W+S)$$

式中　A——1：1.5（即45°）高度角的投影面积；

L——建筑基地沿道路规划红线的长度；

W——道路规划红线宽度；

S——沿路建筑的后退距离；

H_1、H_2、H_3、——组合建筑各部分实际高度。

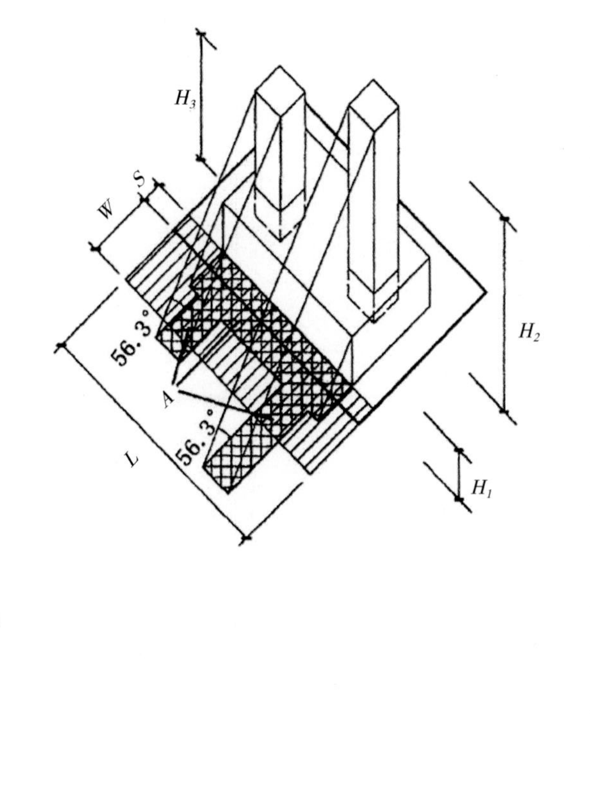

图4-63　沿路高层组合建筑高度的控制（平面）

在实际应用中，为了简化作图和计算方法，也可采用下列演化而来的算式和作图方法控制建筑高度。

$$A' \leq 1.5L(W+S)$$

式中　A'——1：1（即45°）高度角的投影面积；

L——建筑基地沿道路规划红线的长度；

W——道路规划红线宽度；

S——沿路建筑的后退距离；

H_1、H_2、H_3、——组合建筑各部分实际高度。

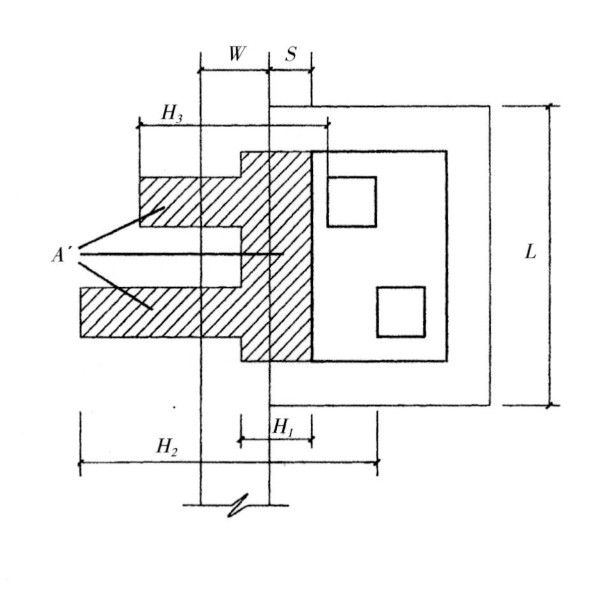

人的舒适视野约是一个60° 顶角的圆锥的范围。布卢门菲尔德（H. Blumenfeld）据此认为，人如果要整体地看到建筑物及其上一部分天空，那么建筑到视点的距离（*D*）与建筑高度（*H*）之比应该是2（*D* / *H* = 2），即视线的仰角约为27° （图4-64）。赫格曼（W. Hegemann）与皮茨（E.Peets）也认为，在相距不到建筑高度2倍的距离内，人不能整体地看到建筑；如果要整体地看到一建筑群，那么建筑到视点的距离（*D*）与建筑高度（*H*）之比应该是3（*D*=3*H*），即视线的仰角约为18° 。

芦原义信则提出，*D*/*H* = 1的比例是空间的一个质的转折点。在*D*/*H* > 1时，人有远离空间界面的感觉；在*D*/*H*<1时，人对空间界面有近迫之感；在*D*/*H* = 1时，由建筑立面界定的空间存在着某种匀称性。

芦原义信以人与人的间距为参照来说明建筑物的间距与空间气氛的关系（图4-65）：

> 当两个人非常接近时，人的脸部高度（*H*=24～30cm）与脸和脸之间的距离（*D*）之间达到*D*/*H*<1，即成为干涉作用很强而极为亲密的关系；达到*D*/*H*≥1为普通关系；*D*/*H*=2、3……，亦即60cm、90cm……，是只能意识到脸部的恰当距离。当*D*/*H*=4，亦即相距1.2m时，只作为脸的距离是过远了，但勿宁说成了对面相坐时的距离。这里，假设坐高（*H*″）约为1.2m，则再次产生了*D*′/ *H*′=1的均衡关系。在室外对面站立时，为了简单化，假定身高（*H*″）为1.8m，则间距1.8m时*D*″*H*″=1，*D*″=3.6m时 *D*″*H*″=2，而当*D*″=7.2m、*D*″/ *H*″=4m时，距离就已经过远了，不再是仅两个人面对面的距离了。

于是，芦原义信认为，建筑间距（*D*）与建筑立面高度（*H*）之比小于1时，两幢建筑开始相互干涉，再靠近就会有封闭的感觉。

西特（C.Sitte）关于城市广场高宽比的结论与芦原义信关于建筑间距的见解大体一致，他认为，广场宽度的最小尺寸应等于主要的建筑物高度，最大不应超过建筑物高度的2倍，即广场的高宽比应是1≤*D* / *H*≤2。当*D* / *H* < 1时，对广场而言，建筑与建筑之间的干涉过强；*D* / *H* = 2时，建筑间距过大，建筑作为广场界面的作用过弱；*D* / *H*在1~2之间时，空间平衡，因而是最紧凑的比例。

图4-64　整体观赏建筑的距离

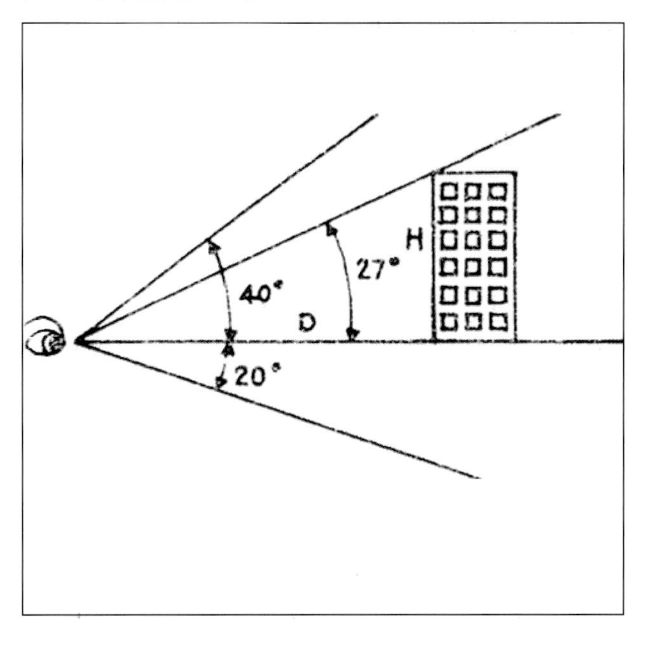

图4-65　人与人的间距和关系

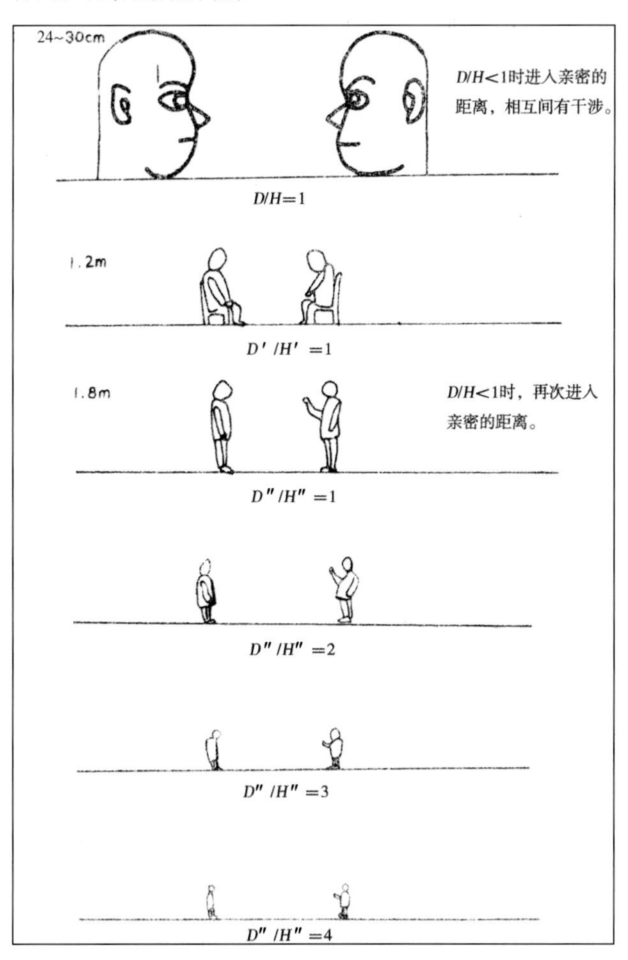

芦原义信和西特的观点，即D / H在1~2之间时，城市空间存在着某种匀称性，在一些氛围宜人的城市街道上得到了证实。前述美国明尼阿波利斯的尼科莱德步行街的高宽比是0.8（图4-66）；上海黄浦、徐汇等地区的旧街道，沿街大多是二、三层楼的建筑，其檐口高度在7～12m上下，而道路宽度一般都在10～20m左右，路宽与沿街建筑高度之比在1～2之间，行人从马路的一侧可一眼看到对侧沿街建筑的轮廓，相较于南京路步行街的一些非抬头仰望不得见到沿街建筑全貌的地段，视觉上要通透许多。这也许就是徜徉于这些旧街道上——即便是其中最繁华的淮海中路——也丝毫没有拥塞感觉的秘密（图4-67、图4-68）。前述《上海市场市规划管理技术规定（2003）》中对街道的高宽比的规定，可以看作是对此观点的响应。

图4-66　美国明尼阿波利斯的尼科莱德步行街

图4-67　中国上海方浜中路

图4-68　中国上海衡山路

4.4　车辆乘坐空间的尺度

乘用车乘坐空间的大小，现以司机空间为例来说明。司机座位和乘客座位的区别在于，后者的座椅可能需要较大的β角（参见图4-69）。

图4-69所示是乘用车驾驶员的最佳踝关节角度、最佳膝关节角度、最佳脊椎角度以及油门—制动脚的活动范围。在实践中，这些参数适用于所有类型车辆，只有地板角度，在赛车、运动车、轿车、卡车、厢车、客车以及工农业车辆之间有所不同，地板角度调整的基点是图4-69中脚跟位置。

坐面和靠背的数据，对于所有类型车辆，可以是常数。考虑到头盔（赛车）、发髻（女性）等因素，座椅枕头应该可调，使头颅中心线垂直于地面。

车辆的外轮廓线千变万化：赛车要求正面阻力小，所以前挡风仰角大；工农业车辆要求有向下的清晰视野而对风阻无要求，所以前后挡风角度差异小。

各类车辆的方向盘的直径可以大小不一。方向盘（传动轴）的角度应该可调，以保持必要的大腿空间。

重要参数如下。

①踝关节放松的角度是100°（假定鞋底的坡度是6°～6.5°）。这个角度对于车辆巡航时的离合器脚或油门-制动脚都是合适的。

②膝关节角度宜在100°～120°。在这个角度，踏制动时可以施加最大的力量。采用120°作为上限是因为，抬腿踏制动时，膝关节角度会变小，并且需要时踝关节角度可以转到85°。图4-69中，座椅的β角为

95° 。油门—制动脚腿骨的相对角度是3° ，所以大腿骨和脊椎的角度应该是98° （95° ~ 100° 范围内属最佳）。

③赛车、运动车、轿车的座椅枕头应能让司机的头颅中心线垂直于地面。赛车的座椅枕头应特制，在司机的头部侧面也有靠垫。

④赛车、运动车、轿车、卡车、厢车、客车这六种车的地板角度有5° 的间隔变量。这个5° 在需要时应当手动可调。

⑤在每个5° 范围内，座椅应在上下前后方向上都可调。

⑥图4-69中示有制动踏板的压力点。各种系统和压力的制动，其踏板行程可能有所不同。电动制动系统比较好，它会承担98%的制动力量。

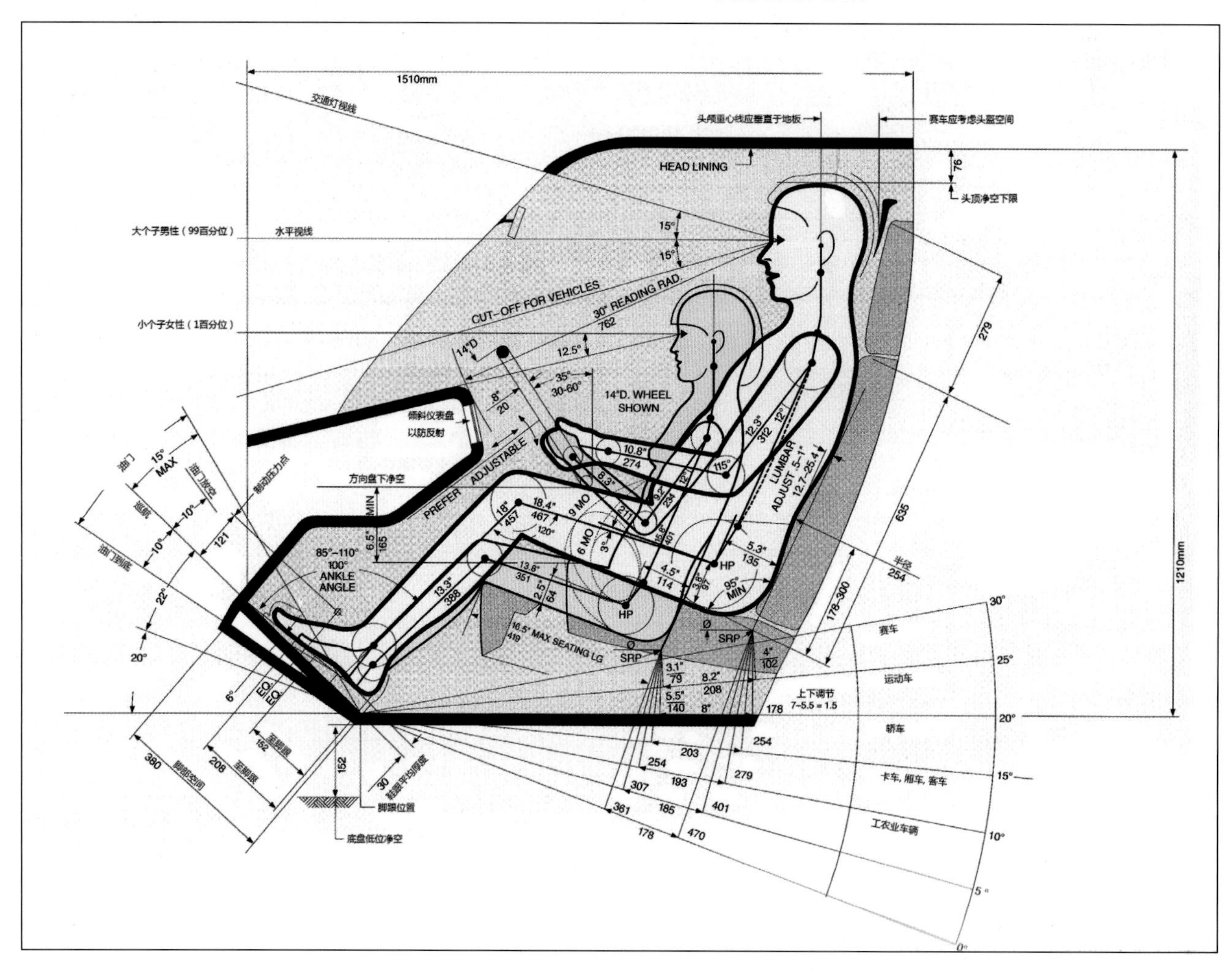

图4-69 车辆乘坐空间的尺度[1]

❶摘自Tilley 2002, The Measure of Man and Woman。

4.5　控制台与仪表可读性设计

控制台的进深（或称宽度）：小体型女性取坐姿，以肩峰点为圆心，按670mm的半径，与常规高度的桌面相交，该半径与桌面的交点与肩峰点的连线的水平投影，就是合适的控制台的进深（宽度），这个进深包含了肩的活动范围（76mm）。如果加上上身的前倾范围（150mm），那么该女性可触及前方610mm处的操纵器（钮/杆）。

仪表盘最佳的位置是在一个从眼睛出发、顶角为30° 的圆锥体内（从舒适视线位置在上下各偏15° ），这样，会在控制台上获得一个完美的视野，其直径约为280mm。以汽车仪表盘为例，速度表、转速表、指示灯和报警灯、机油压力表、水温表、燃油表，都可以出现在该视野内。这样的视野既适用于重要仪表（带或不带手动修正），也适用于监视器（显示器）。

模拟式和数字式仪表

检读用或分区式的指针式表盘都宜采用圆形或半圆形，机械式、数字式皆可。读数的显示方式可以是点阵式的、线阵式的、图形式的。刻度或指数的形式要简单。

指针不要有装饰。指针的基本宽度可按工艺要求，但从根部到针尖应有收分（逐渐变细），针尖的宽度要和小单位刻度的宽度相适。指针与刻度（或指数）的颜色要匹配——尤其当指针面与刻度面完全平齐时。

模拟式和图形式仪表

如表盘为圆形，直径在 57 ~ 102mm为宜；对高精度仪表，直径可在 102 ~ 152mm。0点宜置于左下角（即九点钟方位），顺时针读数；0 点也可置于十二点钟方位。

数字通常要置于刻度的外圈。小表盘、检读用或分区式的表盘，数字要置于刻度的内圈。

采用LED（发光二极管显示器）或LCD（液晶显示器）的图形式仪表阅读较容易，并可在较小表盘上承载较多信息。

（1）标识

所有数字都要竖向（常规）设置，数字的字体要采用简单的等线体。表盘上不要出现商品名和商标。指针的形式要简单，要采用比例最佳、清晰可辨的指向性箭头。

（2）指针宽度

指针宽度根据表盘大小确定，可参考表4-5。

表4-5　指针宽度与表盘直径

指针宽度 /mm	表盘直径 /mm
0.8	26
1.6	76
2.4	101.6

（3）图形指示器

图形表达可以有效改善对某些相对关系（例如飞行的高度、坡度、摇摆）或某些部件的工作姿态（例如机翼的工作姿态）的解读。符号的形式必须和它们所代表的意义或部件有直接的形象上的关联。

（4）指示灯和报警灯

发光信号一般是全方位可视的。在控制面板上，这类信号可以是的一个简单指示器——简单到通过闪烁来指示运行故障；在仪表上，它可以是信号灯，例如亮灯表示过载，诸如此类。多功能投射指示器可以显示图形、流程、读数或文字信息。

环境里如果指示器（信号灯）过多，以至于重要或危险情况的信号不容易在第一时间被人的视觉捕捉，那么就应该专门安装报警灯以保障安全。

文字指示可以用指示屏（面板）来传达。在一个最佳视觉区域里设置简单的点阵式指示屏可以有效取代各个分散布置的报警设备。图形显示最好采用多色的（色码）背光屏。

勿过度使用发光信号，并且，如果有条件，应该把发光信号置于 30° 的圆锥体（视锥）内，视线可以向下偏15° 。颜色的数量要做到最少。下列信号灯的颜色的应用法则适用于色弱人群：

① 白色表示常规状态；

② 红色代表危险和故障；

③ 绿色代表安全、合法、前行；

④ 黄色代表警告。

光源要考虑两个亮度，一个用于白天，另一个用于夜晚。亚光黑屏有助于提高发光信号的有效性。最重要的信号要脱离其他信号独立布置。提高指示灯的有效性，不要通过放大其尺寸，而应通过合理选择其光色和发光强度。

闪跳灯对捕捉人的注意力非常有效，但对人的干扰也相当大。闪跳频率的推荐值是4 闪/s，亮暗均分。

电子仪表

一般而言，读表的视距是在305~460mm的范围。个别情况下，也会在180~360mm的范围。2 人及以上共同读表，其视距是在610~760mm的范围。表盘面（显示屏）应垂直于正常视线，若不得不偏移，则视角（视线与表盘面垂直线的夹角）不要超过30° 。

表盘最小是与1分的视角相应的尺寸（视锥底面）。

信号最短的持续时间是0.2s 。

信号亮度及与背景的对比度应当尽可能地大，通常应超过1mL❶。

周边光源（天然或人工）不可在仪表盘或显示屏上有反射。若有反射，则应加罩遮挡或过滤。

4. 6. 手动控制设计

最佳手控范围：小体型女性取坐姿，视线水平，手臂前伸（臂展670mm），以肩峰点为圆心向下划圈，与控制台面相交，交点处即为最佳手控范围，经验值是 610mm，这个范围包含了肩的活动范围（76mm）。

对于近距离操作，划圈半径取305mm，然后加上75mm肘部活动范围，那么该女性可触及控制台上任何一处的操纵器（钮/杆）。

（1）人力消耗

下列5 项是控制操作涉及的人体运动，按所耗的精力、气力、时间，从小到大排序：

① 手指动作；

② 手指-手腕动作；

③ 手指-手腕-前臂动作；

④ 手指-手腕-前臂-上臂动作；

⑤ 手指-手腕-前臂-上臂-身体动作；

其中值得注意的是，手腕动作比手指动作更易疲劳。建议在操作标准键盘时，尽量让手腕和前臂保持在一条直线上。

（2）操作的准确性

应该对操作过程做图象分析，关注各个动作过程中肩峰点的运动和手的位置。肩部的运动、躯干的扭转和弯曲以及这些运动的组合可以扩大手的活动范围。并且，这个范围会根据操作器与操作员的相对位置（操作器在操作员的前面还是侧面或者此二面之间）以及操作员的性别而有所变化。

（3）操作的组织

常用操作器，在视觉上和触觉上，应该处在最易看到和触及的位置——紧急按钮属于这种情况。但如果该操作涉及危险因素，那么相应的操作器应有保护装置，以避免意外启动。内容或程序相关的操作（器）应当布置在同一组，彼此的位置应有逻辑关系。

易于触及的操纵器，其周边（含上方）应有150~200mm的空间，才有可能让操作达到快捷、无误。难以触及的操纵器，该空间的尺寸应加倍，才有可能做到盲操作。在操作过程中，动作的序列应当短促、有效、和谐、平滑过渡；要避免反复和非直接的动作。

对称性、同时性的双手动作可以节省时间、减少失误。考虑肌肉运动的效率和方向，才有可能让控制动作达到自然不别扭。

操作员所在的位置的标准化，能让操作员在从一台机器（或车辆）换到另一台机器（或车辆）时，减少操控失误和避免事故。

---

❶mL:millilambert,毫朗伯（亮度单位），1mL＝0.929ftL＝3.183c/m^2＝10apostilbs。

第 5 章　无障碍环境设计

5.1　无障碍环境的缘起

方便行动不便者的环境叫做无障碍环境，无障碍环境设计简称无障碍设计。老年人和残疾人是社会中行动不便的人群，环境设计中考虑到他们的需求，为他们提供专门设计的便利设施是社会文明进步的体现，也是设计“以人为本”的集中反映。

行动不便者主要是指肢体残疾者和视力残疾者，包括肢体和视觉功能严重衰退的老年人，特定环境中还可包括在听力和语言交流方面有障碍者以及精神病患者等。本章的内容限于一般情况下方便肢体残疾者和视力残疾者的环境设计。

行走困难的肢体残疾者是指躯体或下肢，或躯体及下肢均有损伤，经矫形、康复后，行走时或有身体的异动，或需要拄杖，或需要借助轮椅才能行动的人。一般情况下，坐轮椅者可独立行进，重残者及高龄体弱者则需要在他人的帮助下才能行动。

老年人、残疾人在行走中的不同状态和使用的各种助行工具，要求道路和建筑的交通空间在宽度、高度、坡度、地面材质上，以及各种相应设施与家具，应具备坐轮椅者、拄杖者以及视力残疾者既安全又方便的通行和使用条件。从城市和建筑的水平和竖向的交通，到使用各种设施与家具，处处关联着无障碍的内涵。建设无障碍环境及设施，不仅为老年人、残疾人的居家生活和社会活动提供必要的安全和便利条件，也为手推童车的人、伤病员及携带重物者带来方便。

历史上，身体有缺陷者往往受到孤立和歧视，在社交、谋职、经济、教育等方面处于不利地位，但事实是，他们与所有其他的人一样，有着人的全部属性，他们应当在人的社会中享有与常人平等的权利、均等的机会和同样的便利。所以，理解老年人和残疾人不同于常人的需求，在设计中体现这种理解，并最终营造友好环境和便利设施，是当代建筑师应当具备的职业素养。

5.2　老年人

老年人人体测量

老年人的身体尺度的各项测量值均比成年人的有所减小。普通女性60岁时的身高要比40岁时的小40mm，70岁时的身高要比40岁时的小90mm。英国人的测量结果显示，英国老年女性的立姿身高较一般成年女性的小60 mm，其立姿肘高较一般成年女性的小3mm，坐姿眼高较一般成年女性的小4mm，坐面至肘的高度较一般成年女性的小1mm（表5-1）。

美国人的调查结果显示，身材高大的男性，老年时的身高将比他20岁时的减少5%（一个身高1.80m的小伙子，年老时的身高很可能会缩到1.76m左右）；身材娇小的女性，老年时的身高将比她成年时期的减少6%。原因是，老年人不再有每10年约10mm的生长优势，其软骨萎缩，尤其是脊椎部分；并且，老年人的日常姿态多有收缩的特征。美国人关于老年人身体测量还有如下结果：

① 手掌伸展量减少约16%～40%；

② 手臂伸展量减少约50%；

③ 腿脚伸展量减少约50%；

④ 肺活量减少约35%；

⑤ 身体各部位的活动幅度都会随年龄的增长而减小；

⑥ 鼻、耳的长度与宽度会增加；

⑦ 体重每10年会增加2kg。

表5-1　老年女性人体测量/英国

单位：mm

测量项目	平均高度	第2.5百分位	第97.5百分位
立姿眼高	1450	1570	1330
立姿肘高	970	1050	880
坐面高度	410	460	370
坐姿，眼至坐面高度	690	750	610
坐姿，肩至坐面高度	540	600	480
坐姿，肘至坐面高度	210	270	150
坐姿，骶骨至膝部外侧	570	630	510
坐姿，骶骨至膝部内侧	470	530	410

老年人生理特点

老年人除了身体尺度和肢体活动范围较成年人缩小，生理机能也较成年人有明显的衰退，主要表现在以下方面。

① 身体各组织的弹性降低，肢体活动的困难增加。

② 神经系统反应能力降低。据测定，80～90岁老年人神经传导时间比20～30岁的年轻人要长约44%（7.5 m/s比5.2m/s）。简单反应时和辨证反应时都随年老而延长。睫反射减弱，运动迟缓，神经中枢的兴奋性减低而抑制过程减弱，神经细胞的恢复过程也有所延长。

③ 记忆力减退。对新近接触的事物忘得很快（医学上称近事遗忘），对过去的往事却记忆犹新。记忆力减退是大脑细胞衰老、退变的常见现象，过于严重则是老年痴呆的一种表现。

④ 视力衰退，且较多伴有白内障、青光眼、老年性黄斑等病症。

⑤ 听力衰退，即所谓老年性耳聋。老年人的听阈随年龄增加而提高，且高频听力下降更明显。

⑥ 由于内分泌功能和肠道对钙和维生素的吸收不良，以及肌肉附着处对骨膜的作用减弱，老年人多有骨质疏松，易发生骨折。

⑦ 心脏负荷能力减弱，血管弹性消失，外周阻力增加；肺通气量和肺活量减小，造成呼吸和循环系统功能的减弱。这导致老年人的运动能力远不如成年人。

⑧ 泌尿、消化、生殖等系统亦普遍衰老，功能下降。

老年人除了生理机能衰退，往往还伴有体弱多病的现象。尤其是腰椎增生、腰肌和腰骶部劳损、腰椎间盘突出，还有髋关节、膝关节处的关节炎等病，导致他们行动困难。

由于上述种种现象，许多老年人也可算作身有残疾的人。

老年人环境设施的设计要点

美国人对老年人环境设施的设计有如下经验。

① 椅前部下方不宜有横挡，因为老年人由坐姿起身时，腿会往后挪动以借力。椅设扶手会便于老年人起身。大部分老年人从沙发上起身会有困难。

② 坐面高度和工作面高度必须是可以调节的或者是定制的。工作面高度以肘高为宜，以方便键盘操作，但写字台可以略高于肘部。

③ 小身材的老年女性，其腰围、臀围、股长未必与身高有常规的比例关系，为她们设计家具时尤须注意此点。

④ 老年人的摸高应较常人的降低约76mm。

⑤ 老年人的探低应较常人的抬高约76mm。

⑥ 老年人的工作面高度应较常规降低约38mm。

欧洲对老年人环境设施的设计建议如表5-2所列。

表5-2 欧洲对老年人环境设施的建议

设 施	高度 /mm
立姿工作面	800 ～ 850
坐姿工作面	650 ～ 700
水盆	800 ～ 850
灶台	800 ～ 850
厨房中最高的隔板（下无低柜）	1600
厨房中最高的隔板（下有低柜）	1400
厨房中最低的隔板	300
浴缸上缘	500
坐便器高	450

5.3　残疾人

残疾人的情况主要有肢体残疾、视力残疾、听力–语言障碍、精神残疾、智力残疾、综合残疾6类。中国抽样调查的资料显示，肢体残疾、视力残疾、综合残疾3项合计，其数量占全国残疾人总数的42.26%。

下肢残疾者的行动特点

①水平推力小，行动缓慢，不适应常规的运动节奏；在有高度差的环境中行动困难。

②拄双杖者只有在坐姿时才能使用双手。

③拄双杖者的步幅有时可达950mm。

④轮椅的行动速度较快，但占用空间（静态、动态）较大。

⑤许多常规设施对坐轮椅者的行动有限制。

⑥无论拄杖者还是坐轮椅者，使用卫生设备时都需要支持物。

上肢残疾者的行动特点

①臂的活动范围小于健全人。

②难以做出各种精巧的动作，且手臂耐力不如健全人。

③难以完成双手并用的动作。

偏瘫患者的行动特点

偏瘫即所谓“半身不遂”。患者身体一侧的功能不全，往往兼有上下肢残疾的特点。可拄杖独立跛行，或坐轮椅行动，但因动作依赖身体的优势侧完成而总有方向性。

视力残疾者的行动特点

①难以（弱视者）或不能（盲人）利用视觉信息了解周围情况，均需借助其他感官功能（听觉、触觉等）采集信息、辨认物体，以及在行动中定向、定位。

②盲人步行需借助盲杖，步速慢，生疏环境中易发生意外伤害。

听力–语言障碍者的特点

①身体行动一般无困难。

②信息交流需借助增音设备，或依赖视觉信号（例如手语）、振动信号。

5.4　下肢残疾者的便利环境

下肢残疾者的空间尺度

（1）拄杖者的空间尺度

各类助行器和拄杖者水平行进的宽度见图5–1。

拄杖者水平行进的空间尺寸见图5–2。

（2）坐轮椅者的空间尺度

轮椅的常规尺寸见图5–3。

轮椅转动所需的空间见图5–4。

坐轮椅者上肢的活动范围见图5–5。

坐轮椅者使用的设施尺度见图5–6。

图5–1　各类助行器和拄杖者水平行进的宽度（单位：mm）

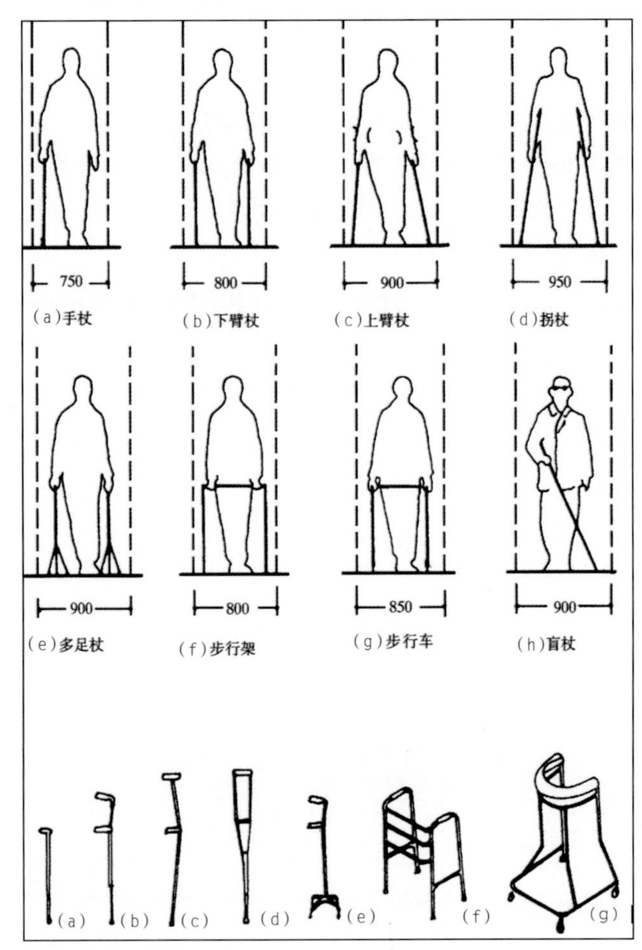

图5-2 拄杖者水平行进的空间尺度（单位：mm）

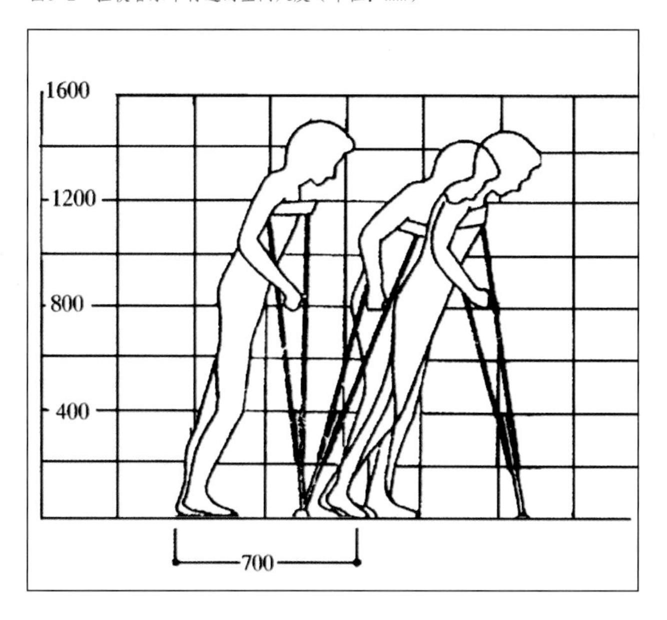

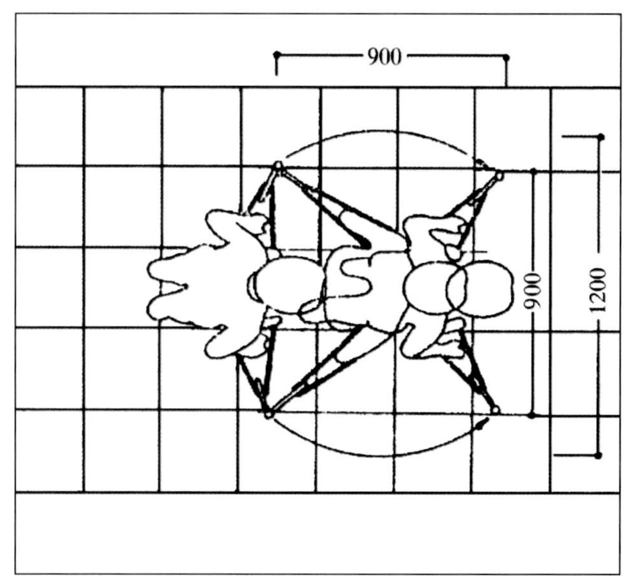

图5-3 轮椅的常规尺寸（单位：mm）

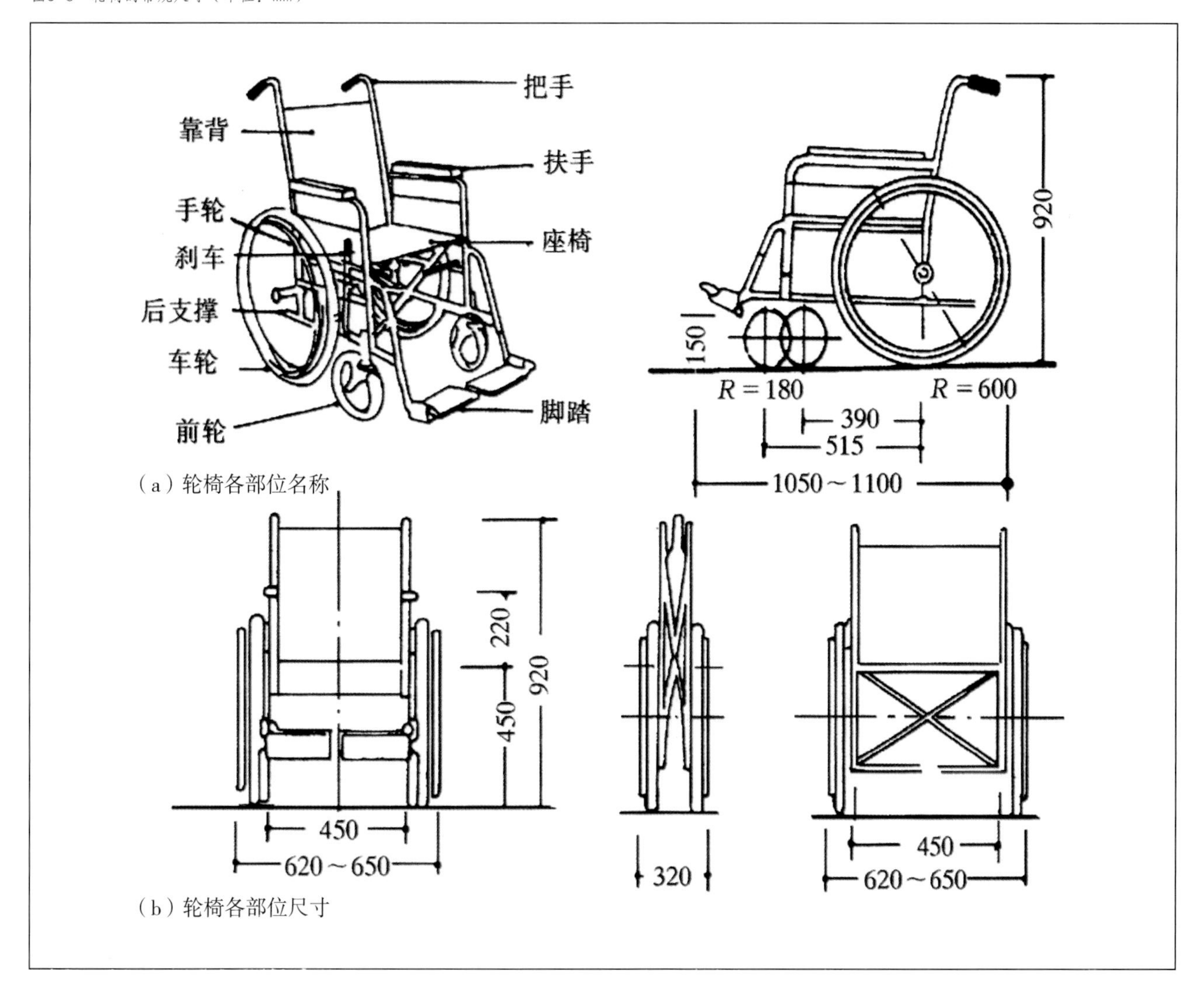

（a）轮椅各部位名称

（b）轮椅各部位尺寸

图5-4　轮椅转动所需的空间（单位：mm）

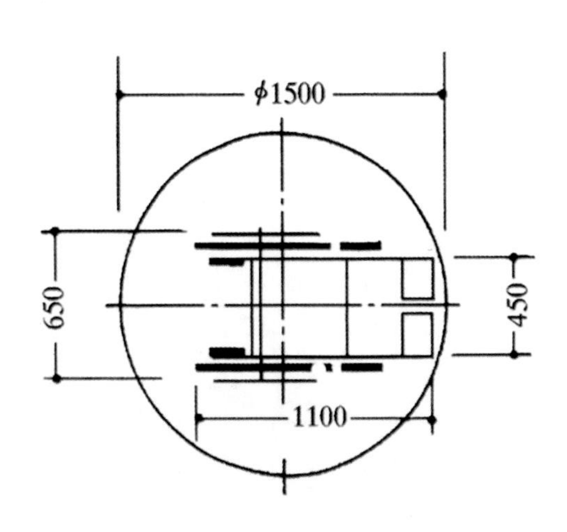

（a）轮椅旋转最小直径为1500mm

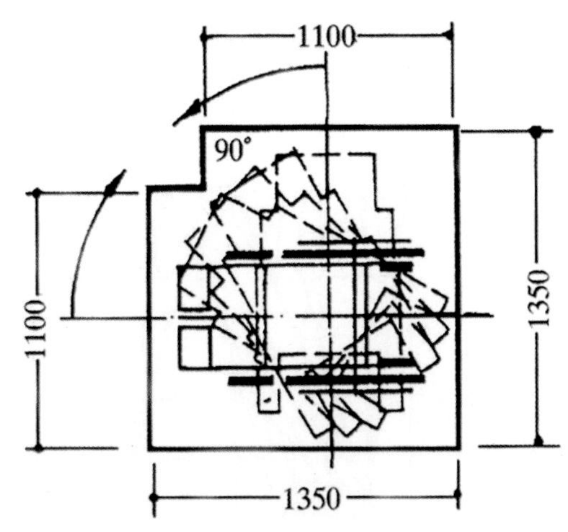

（b）轮椅旋转 90° 所需最小面积为 1350mm × 1350mm

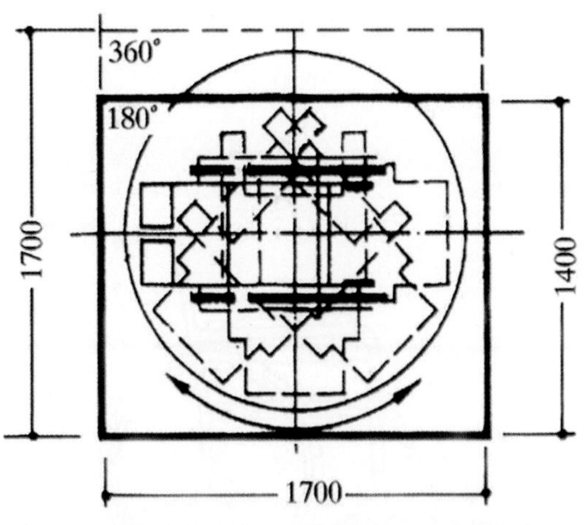

（c）以两轮中央为中心，旋转 180° 所需最小面积为 1400mm × 1700mm

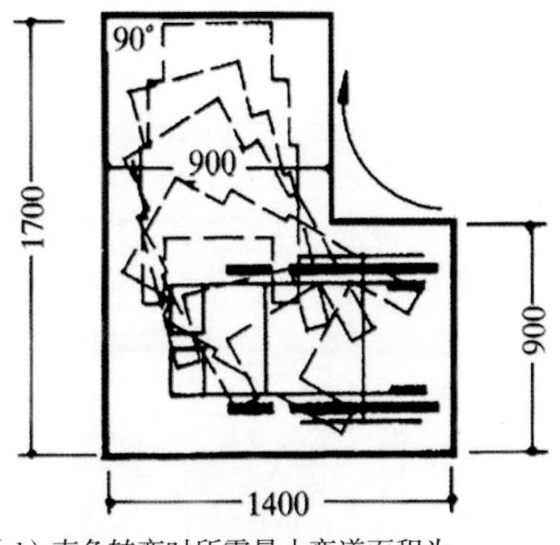

（d）直角转弯时所需最小弯道面积为 1700mm × 1400mm

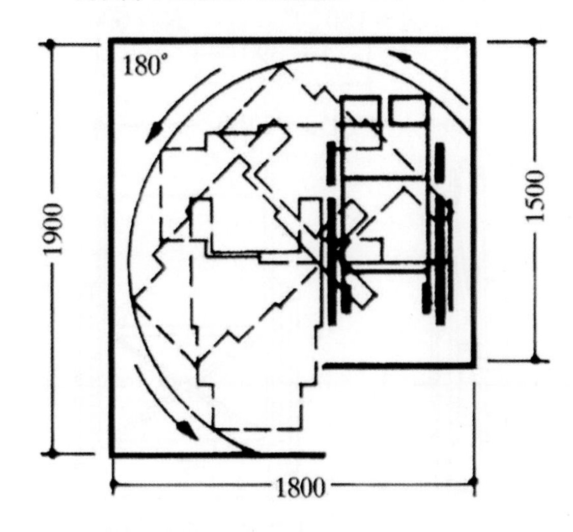

（e）以一个轮为中心旋转 180° 所需最小面积为 1800mm × 1900mm

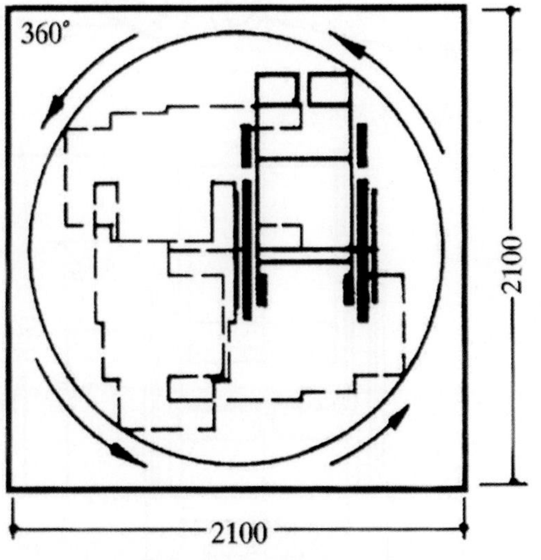

（f）以一个轮为中心旋转 360° 所需最小面积为 2100mm × 2100mm

图5-5　坐轮椅者上肢的活动范围（单位：mm）

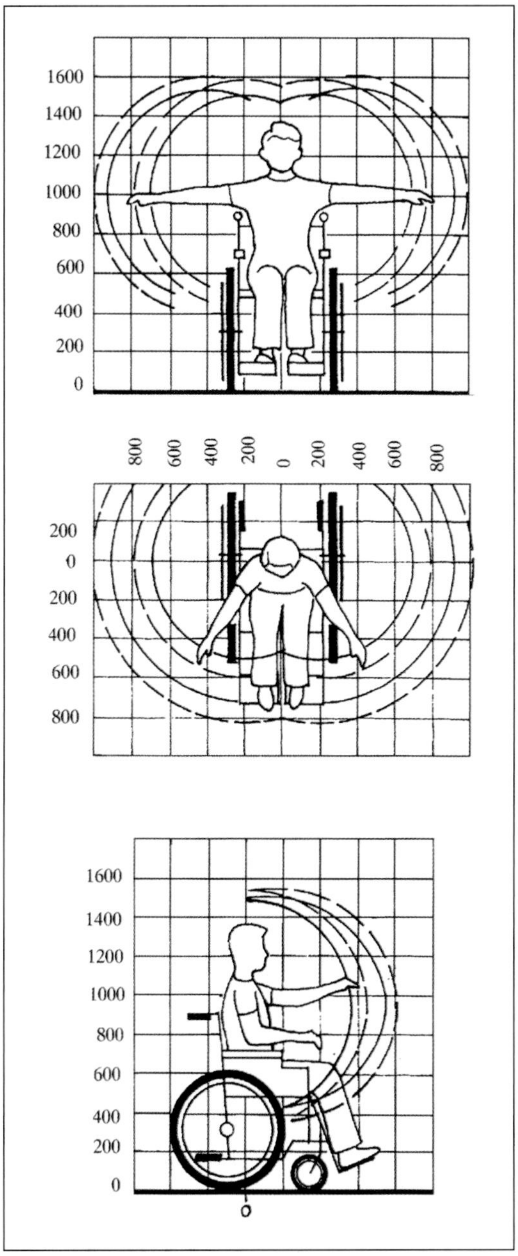

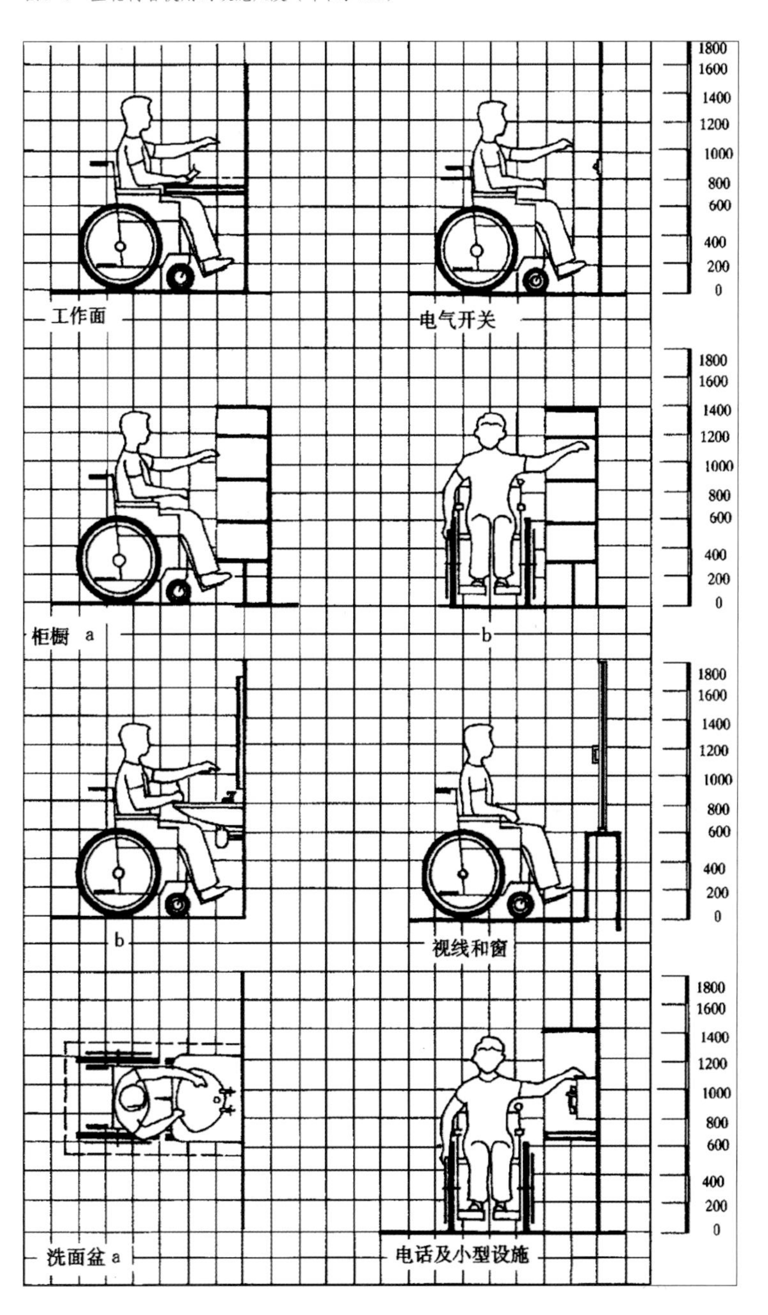

图5-6　坐轮椅者使用的设施尺度（单位：mm）

便利下肢残疾者的室外环境设施

室外环境中便利下肢残疾者的交通设施有缘石坡道、轮椅坡道、梯道、垂直升降梯4种，其设置条件归纳于表5-3。

室外居住环境中人行道纵坡不宜大于2.5%。人行道若设有台阶，则应同时设轮椅坡道和扶手。各级公共绿地的入口、通道、凉亭等设施的地面应平缓防滑，地面有高差时，应设轮椅坡道和扶手。

绿地休息区的座椅旁应留出轮椅位置（图5-7）。

（1）缘石坡道

为方便残疾人通过路口，人行道边应设置缘石坡道。缘石坡道使人行道与人行横道之间有了平缓的过渡，且使人行横道的起点基本是在平面上而不是在高差点上（图5-8）。实践证明，缘石坡道不仅方便了残疾人，也方便了健全人的通行，是一种相当有效的便利措施。

表5-3 便利下肢残疾者的室外交通设施

设 施	设 置 条 件
缘石坡道	交叉路口，人行横道，街区出入口等处应设缘石坡道
轮椅坡道	人行天桥，人行地道，有高差的建筑物入口应设轮椅坡道
梯道	仅适合拄杖者，老年人通行
垂直升降梯	城市中心地区，建筑物入口可设垂直升降梯取代轮椅坡道

图5-7 绿地休息区的座椅旁应留出轮椅位置

图5-8 缘石坡道

缘石坡道有扇面坡、单面坡、三面坡三种形式。扇面缘石坡道下口的宽度不应小于1500mm。道路转角处的单面缘石坡道上口的宽度不宜小于2000mm（图5-9）。三面缘石坡道正面坡的宽度不应小于1200mm（图5-10）。缘石坡道各坡面的坡度均不应大于1：12（图5-10）。缘石坡道下口高出车行道面不得大于20mm。坡面应平整且防滑。

图5-9　道路转角处单面缘石坡道上口的宽度（单位：mm）

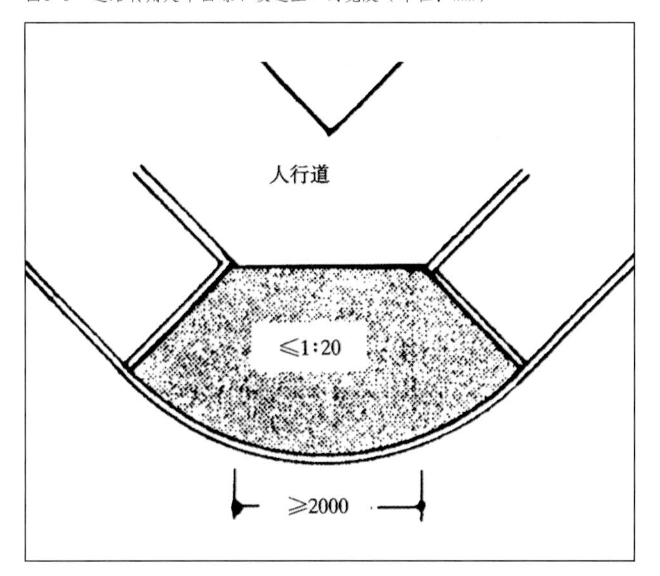

图5-10　缘石坡道各坡面的坡度（单位：mm）

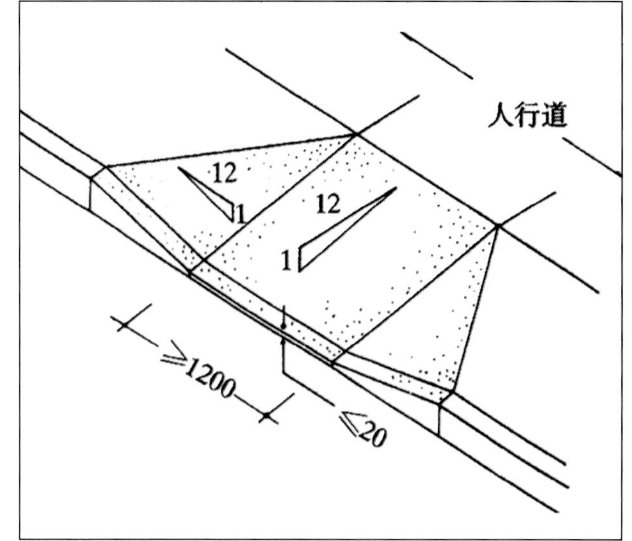

（2）梯道与轮椅坡道

梯道就是坡度较缓的台阶，适合拄杖者、老年人通行的设施，多用于室外空间。轮椅坡道是适合坐轮椅者、拄杖者、老年人通行的设施，室内外均可设置。

梯道宽度不应小于3500mm，中间平台深度不应小于2000mm。踏步的踢面高度不应大于150mm，踏面宽度不应小于300mm。

公共建筑与高层、中高层居住建筑的入口设台阶时，必须同时设轮椅坡道和扶手（图5-11～图5-13、表5-4）。

轮椅坡道应设计成直线形、直角形或折返形，不宜设计成弧形（图5-14、图5-15）。

轮椅坡道的常用坡度是1:12。困难地段的坡度不得大于1:8，轮椅在1:8的坡度上行进已需他人的协助。弧线形坡道的坡度，应按弧线内缘的坡度计算。

轮椅坡道的坡度与其每段的最大爬高、水平长度是相关的。例如，1:12的坡道每升高1500mm时，应设深度不小于2000mm的中间平台（图5-16）。轮椅坡道的各种坡度与其最大爬高、水平长度应符合表5-5所列的关系。

图5-11　建筑平坡入口示意

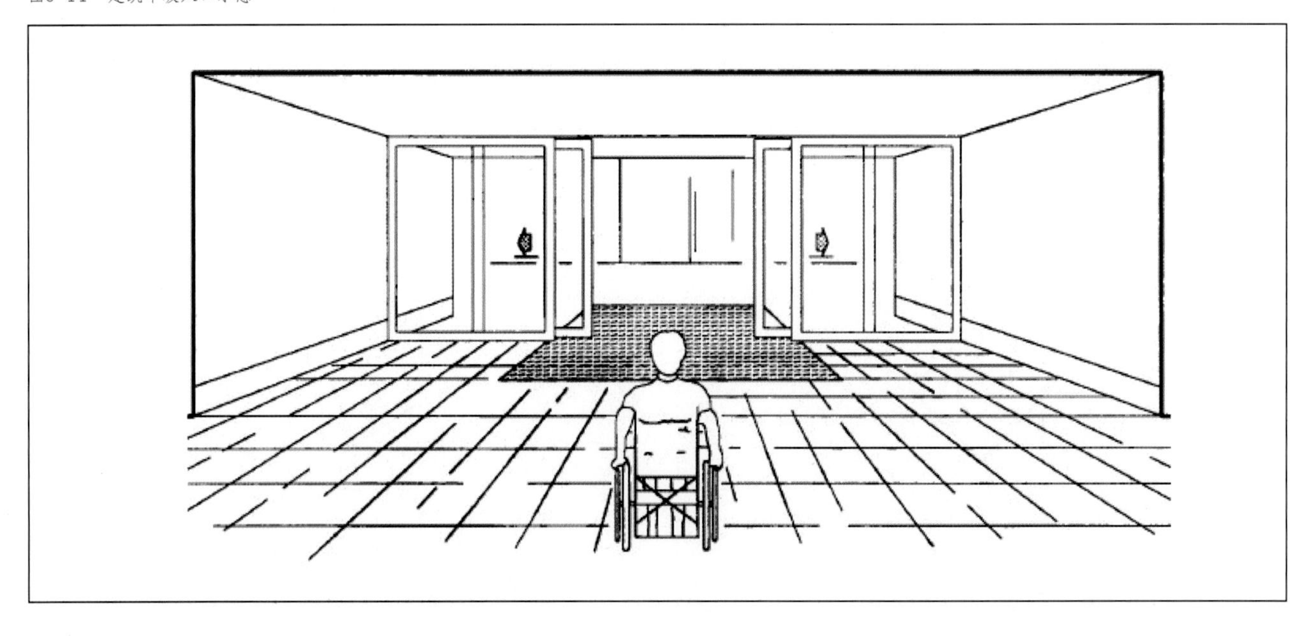

图5-12　单坡道入口示意

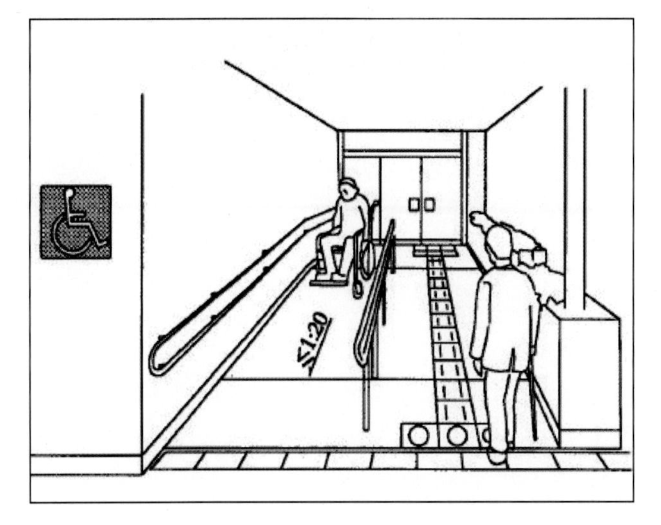

图5-13　直线式单坡道与台阶入口示意

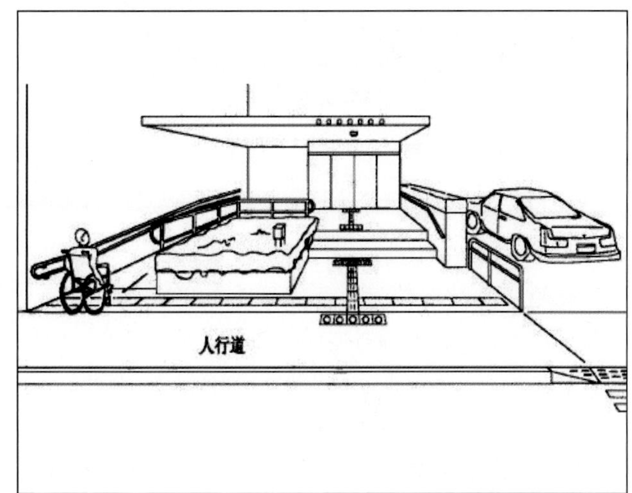

表5-4　建筑入口平台宽度

建筑类别	入口平台最小宽度 /m
大、中型公共建筑	≥ 2.00
小型公共建筑	≥ 1.50
中、高层建筑、公寓建筑	≥ 2.00
多、底层无障碍住宅、公寓建筑	≥ 1.50
无障碍宿舍建筑	≥ 1.50

图5-14　直角形轮椅坡道

图5-15　折返形轮椅坡道

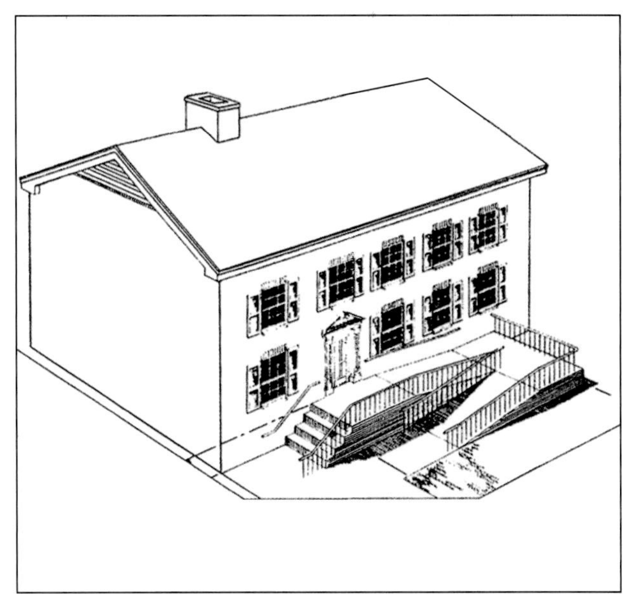

图5-16　轮椅坡道的坡度、爬高、水平长度（单位：mm）

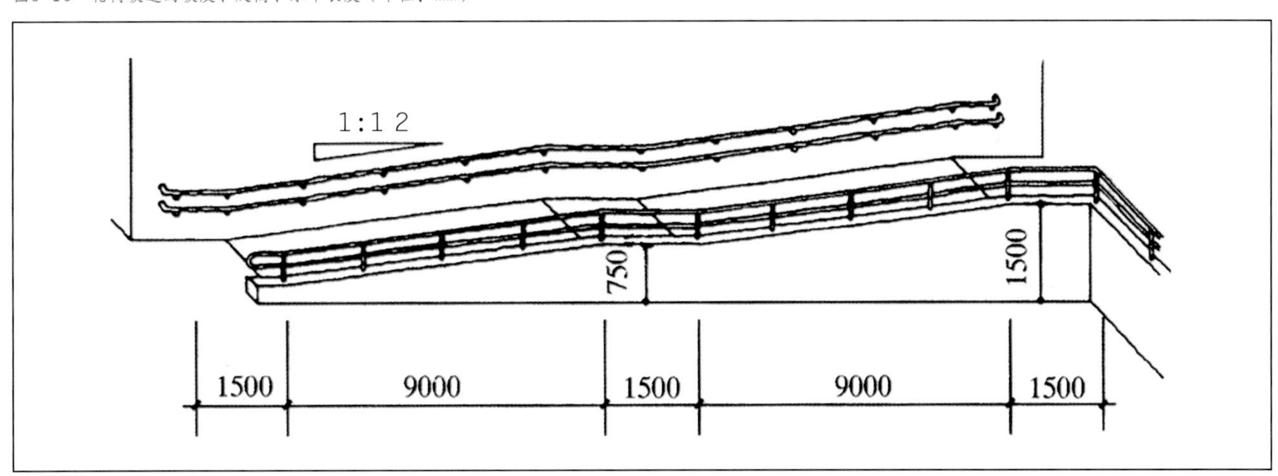

表5-5　轮椅坡道的坡度与其最大爬高、水平长度的关系

坡 度	1:20	1:16	1:12	1:10	1:8
最大爬高 /mm	1500	1000	750	600	350
水平长度 /mm	30000	16000	9000	6000	2800

坡道的坡面应平整且防滑。坡道起点平台、中间平台、终点平台的水平长度都不应小于1500mm（图5-17）。

梯道和坡道两侧应设扶手。扶手在坡度段和平台段应保持连贯。扶手下为落空栏杆时，栏杆根部应设高度不小于50mm的安全挡台（图5-18）。

（3）轮椅平台

建筑物入口应设置轮椅平台。大、中型公共建筑和高层、中高层居住建筑入口轮椅平台的最小宽度应≥2000mm，小型公共建筑和多层、低层居住建筑入口轮椅平台的最小宽度应≥1500mm。平台上空应有雨棚。

当设置轮椅坡道有困难时，可建升降平台取代轮椅坡道。升降平台的面积不应小于1200mm×900mm，且应设扶手或挡板及启动按钮（图5-19）。

图5-17 轮椅坡道的起点平台、中间平台、终点平台的水平长度（单位：mm）

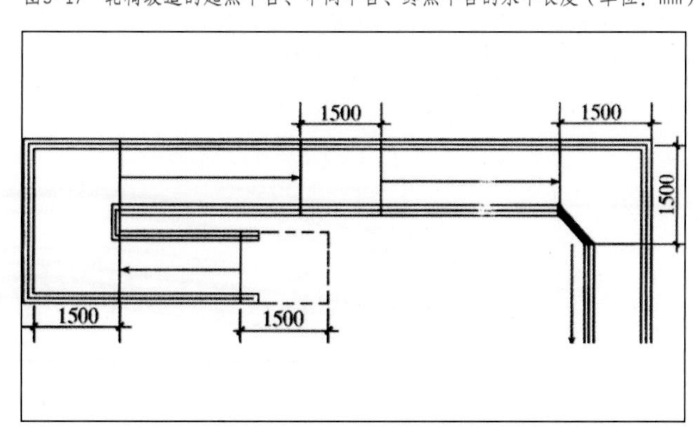

图5-18 轮椅坡道的安全挡台（单位：mm）

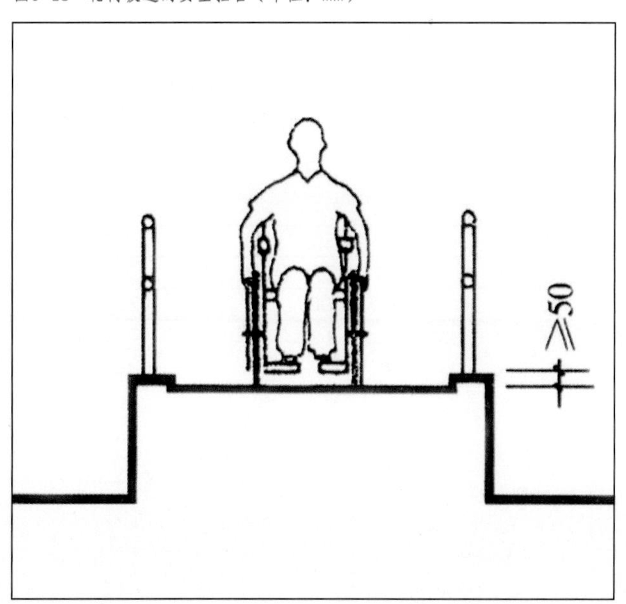

图5-19 轮椅升降平台（单位：mm）

室内交通空间的无障碍

（1）楼、电梯

方便下肢残疾者楼梯的设计要求见表5-6。

方便下肢残疾者电梯的设计要求见表5-7。

候梯厅的无障碍设计见图5-20。

表5-6　方便下肢残疾者楼梯的设计要求

部 位	设 计 要 求
梯跑	应采用有休息平台的直线梯段和台阶 不应采用无休息平台的楼梯和弧形楼梯
踏步	不应采用无踢面和有直角突缘的踏步 表面应平整而不光滑
宽度	公共建筑梯段宽度不应小于 1500mm 居住建筑梯段宽度不应小于 1200mm
扶手	楼梯两侧应设扶手 台阶从第三级起应设扶手

表5-7　方便下肢残疾者电梯的设计要求

部 位	设 计 要 求
候梯厅	深度≥ 1800mm 呼梯盒应设于距地 900 ～ 1100mm 处（图 5-20）
门洞	洞口净宽≥ 900mm 开启净宽≥ 800mm
轿厢	深度≥ 1400mm，宽度≥ 1100mm 正面和侧面距地 800 ～ 850mm 处应设扶手 侧面距地 900 ～ 1100mm 处应设选层按钮（带盲文） 正面从距地 900mm 处至顶部应安装镜子

图5-20　候梯厅的无障碍设计

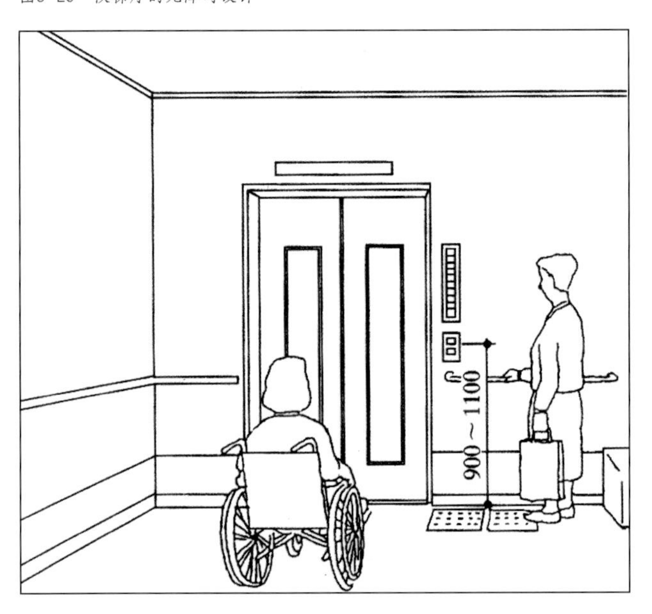

（2）走廊

大型公共建筑走廊的最小宽度应≥1800mm，中、小型公共建筑走廊的最小宽度应≥1500mm，居住建筑走廊的最小宽度应≥1200mm，检票口轮椅通道的最小宽度应≥900mm（图5-21）。

走廊内不得设置障碍物，地面应平整且防滑。

走廊两壁应设扶手，一侧或尽端与其他地坪有高差时，应设置栏杆或栏板等安全设施。

有门扇向走廊开启时，开门处应设凹室，凹室面积不应小于1300mm×900mm（图5-22）。

走廊的照度不应低于120 lx。

图5-21 走廊的最小宽度（单位：mm）

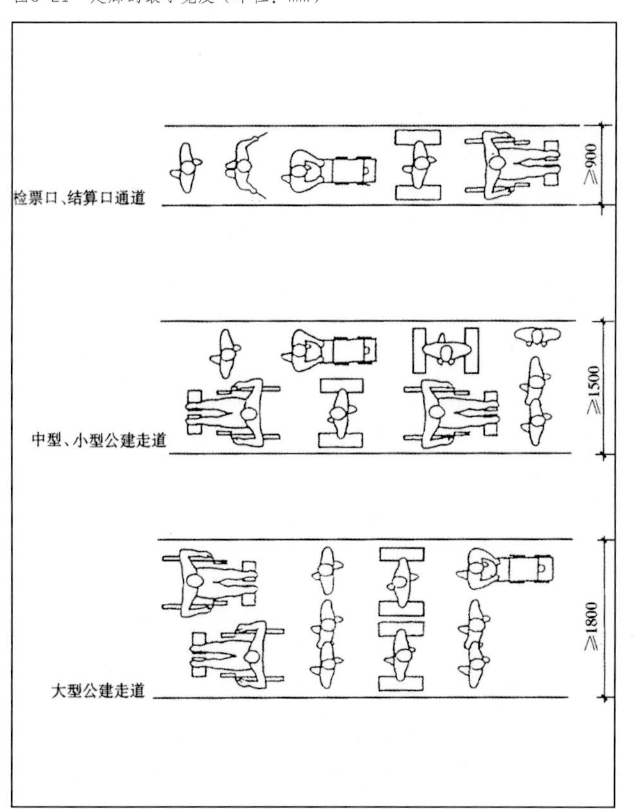

图5-22 走廊凹室（单位：mm）

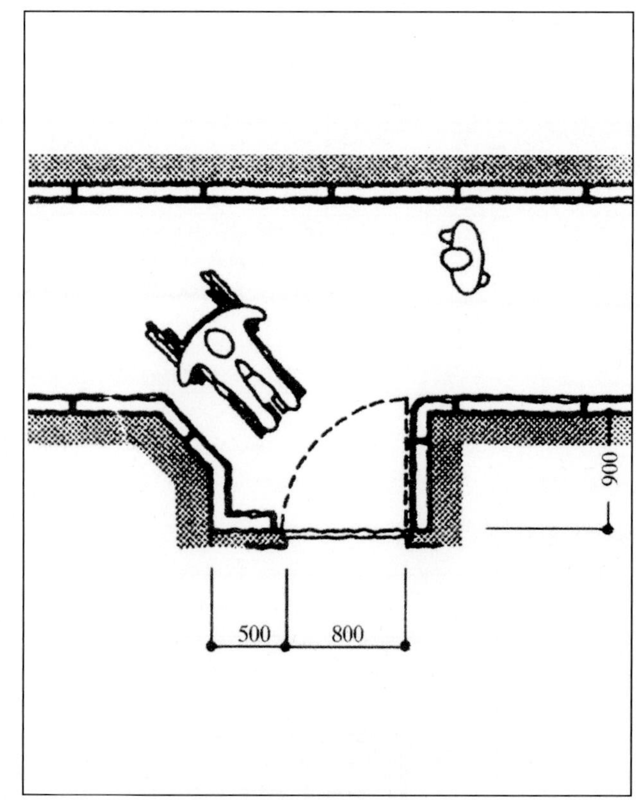

（3）门

入口门厅、过厅设两道门时，门扇同时开启后的最小间距，大、中型公共建筑和高层、中高层居住建筑应≥1500mm（图5-23），小型公共建筑、多层、低层居住建筑应≥1200mm（图5-24）。

应采用自动门，也可采用推拉门、折叠门或平开门，但不应采用力度大的弹簧门。旋转门一侧应另设残疾人使用的门。

坐轮椅者开启的推拉门和平开门，在门把手一侧的墙面应留有净宽不小于500mm的墙面（图5-25）。

供轮椅通行的门的洞口净宽见表5-8。

图5-23　大、中型公共建筑门扇的间距（单位：mm）

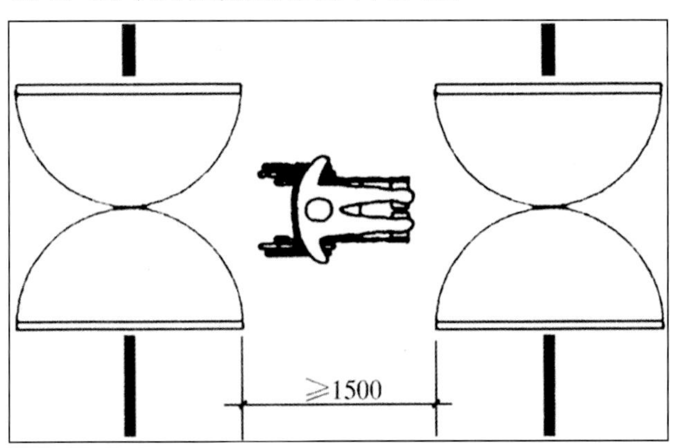

图5-24　小型公共建筑门扇的间距（单位：mm）

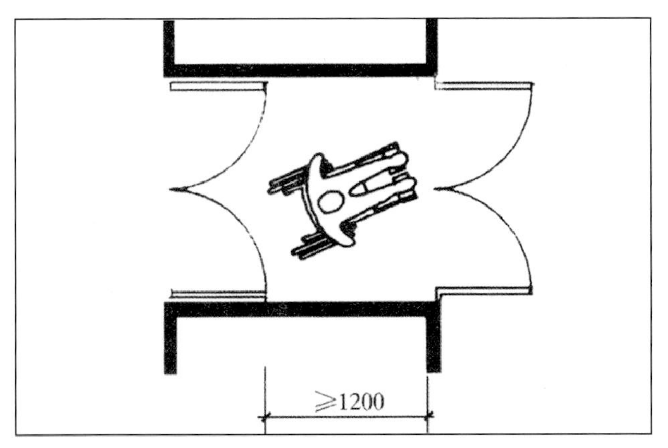

图5-25　门把手一侧墙面的宽度（单位：mm）

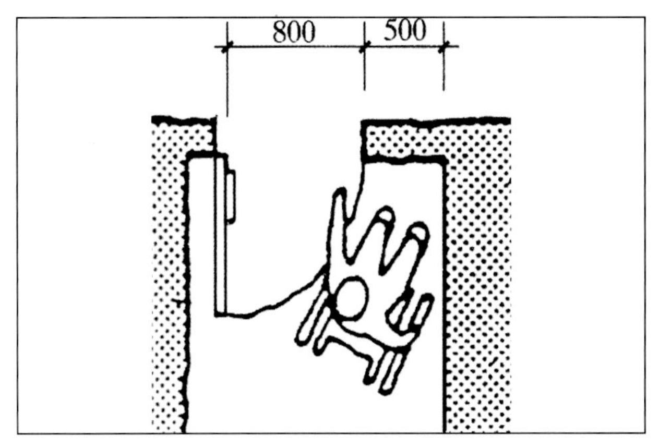

表5-8　供轮椅通行的门的洞口净宽

门的类别	洞口净宽 / mm
自动门	≥ 1000
推拉门，折叠门	≥ 800
平开门	≥ 800
弹簧门（小力度）	≥ 800

无障碍公共厕所与公共浴室

无障碍公共厕所可有两种情况：一是普通厕所内的无障碍厕位，二是独立的残疾人专用厕所。普通厕所内便残厕位的设计要求见表5-9。

表5-9 普通厕所内无障碍厕位的设计要求

设 施	设 计 要 求
隔间	面积应≥ 2000mm×1000mm（图 5-26）或 1800mm×1400mm（图 5-27） 门扇应向外开启，门洞净宽应≥ 800mm
小便器	两侧应设垂直抓杆，间距 600 ～ 700mm 上方距地 1200mm 处应设水平抓杆（图 5-28、图 5-29） 小便器下口距地面不应大于 500mm
坐便器	坐面高应为 45mm 两侧距地 700mm 处应设水平抓杆 一侧应设高约 1400mm 的垂直抓杆（图 5-30）
洗手盆	两侧和前缘 50mm 处应设水平抓杆

图5-26 无障碍厕位隔间（1）（单位：mm）

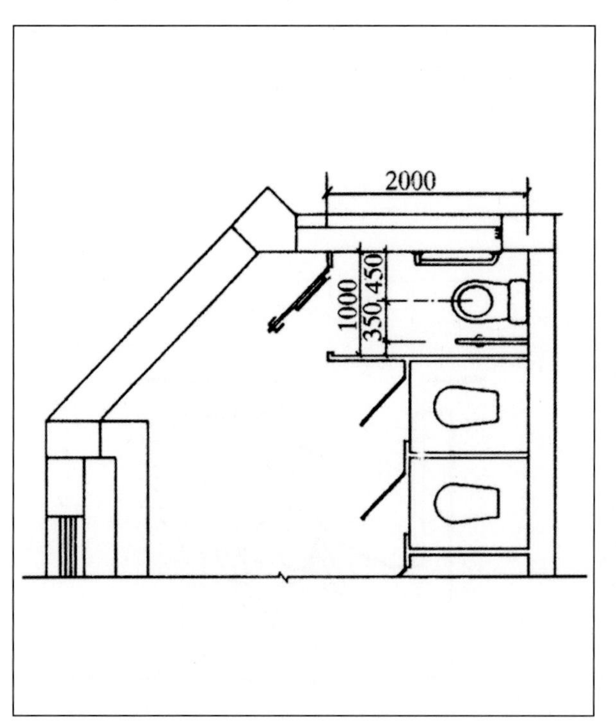

图5-27 无障碍厕位隔间（2）（单位：mm）

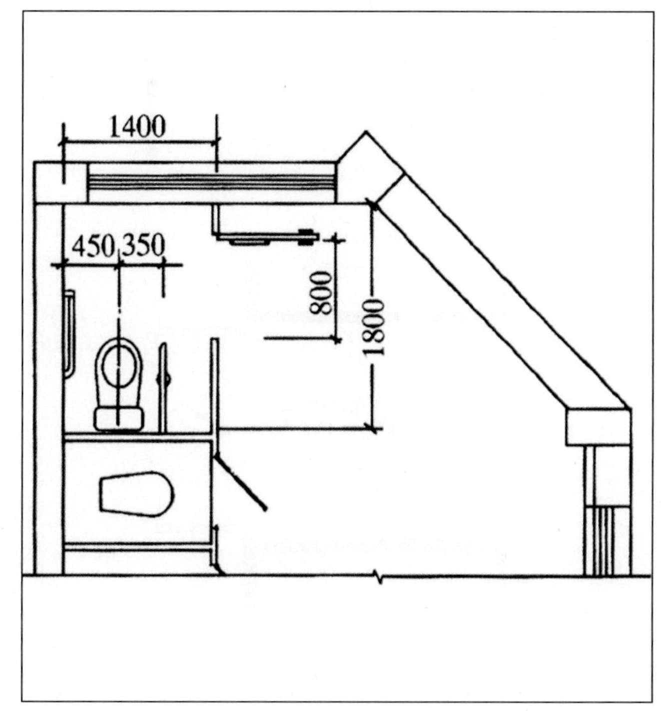

图5-28　小便器周边的抓杆（1）（单位：mm）

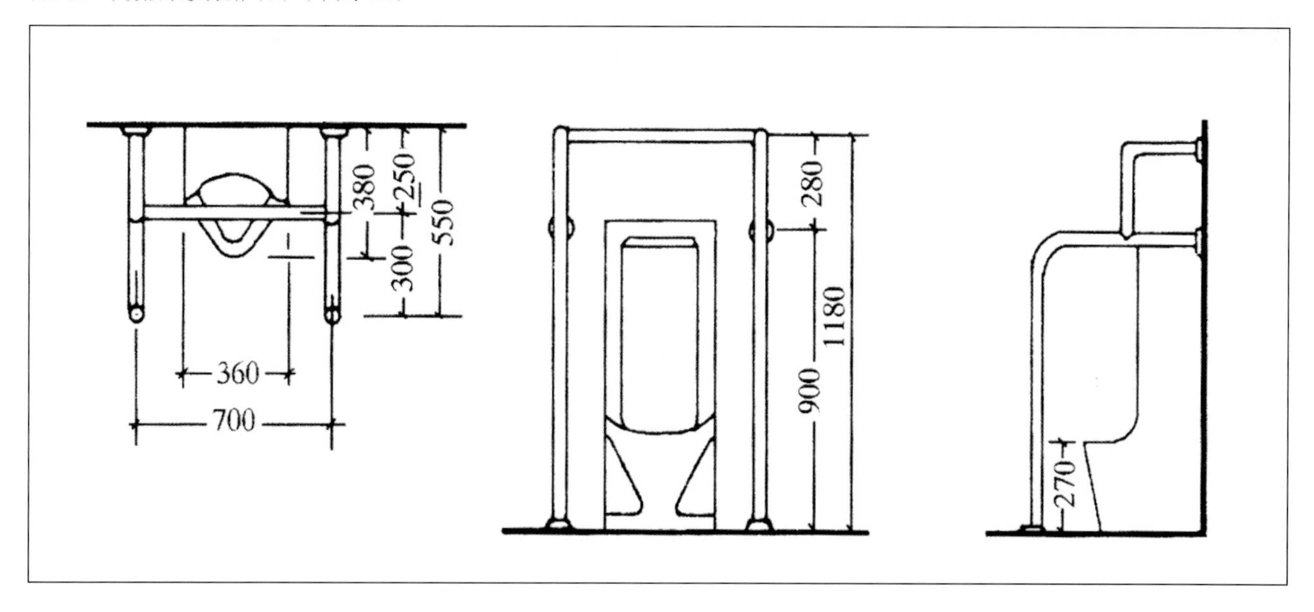

图5-29　小便器周边的抓杆（2）（单位：mm）

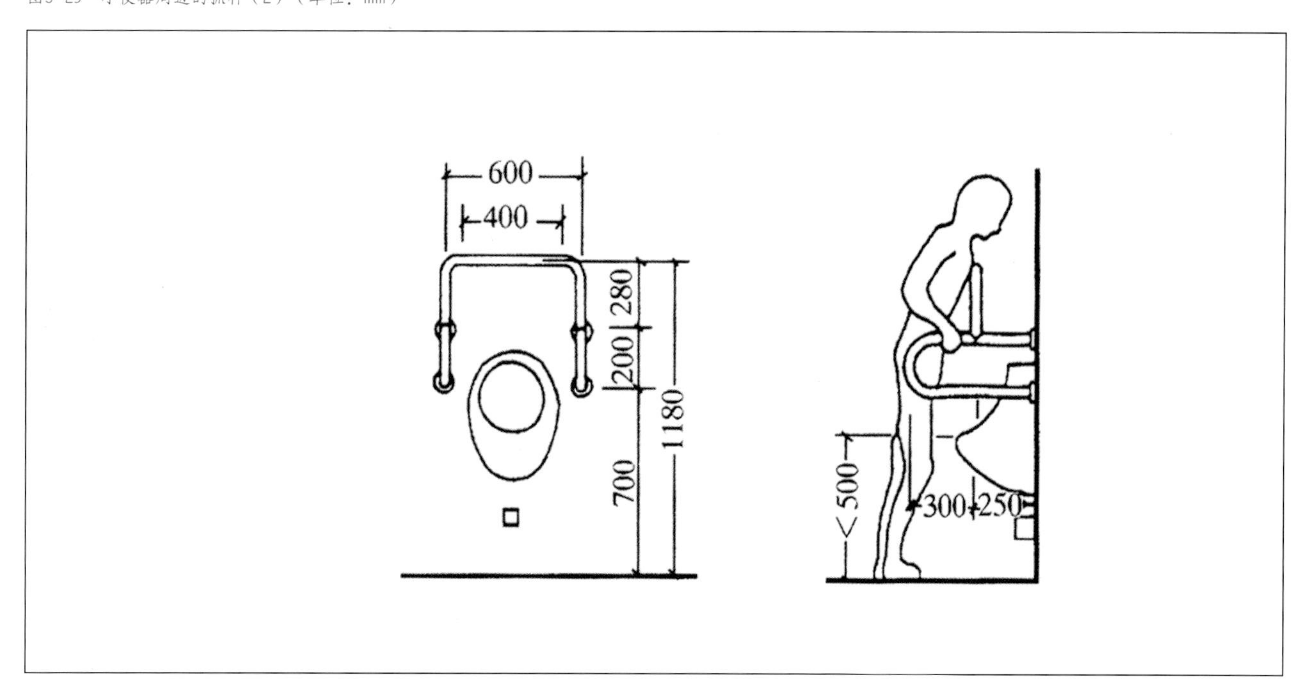

图5-30所示是一个独立的残疾人专用厕所，其设计要求见表5-10，表内未列的设施，其要求均同普通厕所内无障碍厕位的要求。

无障碍公共浴室有淋浴间和盆浴间两种，其设计要求见表5-11。

图5-30　独立的残疾人专用厕所

表5-10　独立残疾人专用厕所的设计要求

设 施	设 计 要 求
面积	净面积应≥ 2000mm×2000mm
门扇	应采用门外可紧急开启的门插销
呼叫按钮	距地 400 ～ 500mm 处应设求助呼叫按钮
放物台	长宽高为 800mm×500mm×600mm
挂衣钩	距地 1200mm 处可设挂衣钩

表5-11　公共浴室的无障碍设计要求

设 施	设 计 要 求
无障碍淋浴间	面积应≥ 3.5m²（门扇向外开启） 短边净宽应≥ 1500mm 应设高 450mm 的洗浴凳 距地 700mm 处设水平抓杆，一侧设垂直抓杆
无障碍盆浴间	面积应≥ 4.5m²（门扇向外开启） 短边净宽应≥ 2000mm 浴缸一端应有深度≥ 400mm 的洗浴坐台 浴缸内侧墙面应设水平抓杆

图5-31　无障碍卫生间双扇自动门与轮椅活动尺寸（单位：mm）

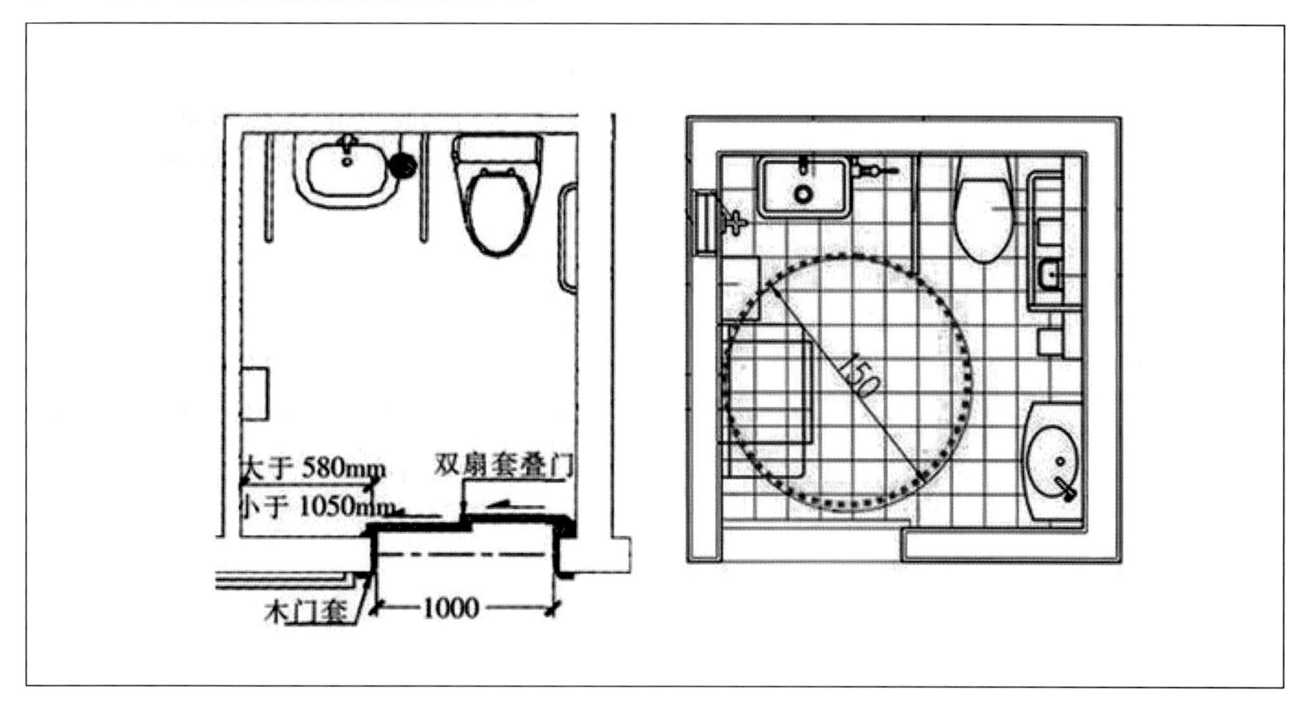

图5-32　坐便器两侧的抓杆（单位：mm）

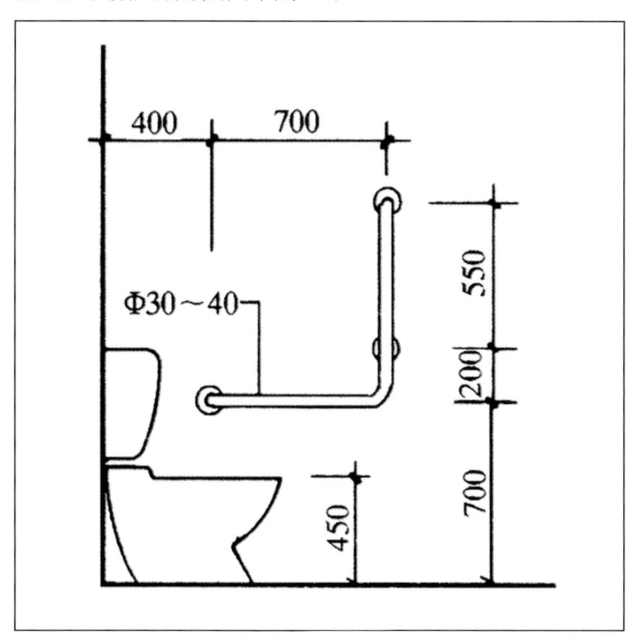

图5-33　坐便器两侧的抓杆（单位：mm）

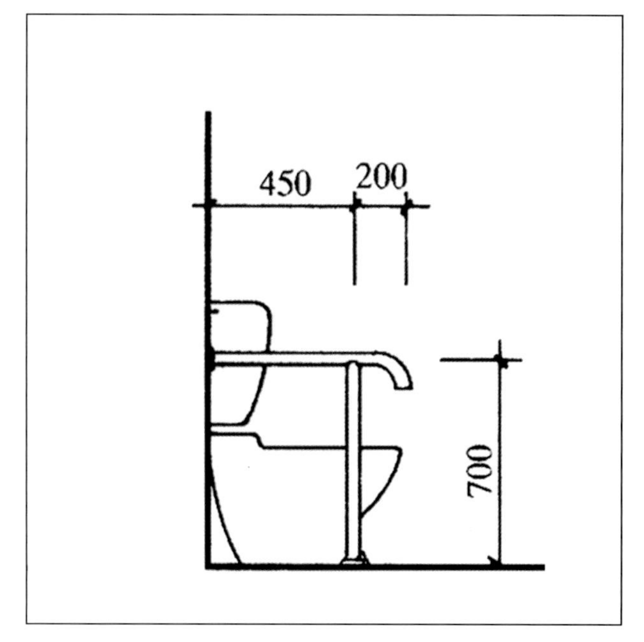

无障碍居住空间

（1）户门与通道

方便下肢残疾者的居室，户门外应有不小于1500mm×1500mm的轮椅活动面积，且户门把手一侧墙面应有500mm的宽度，以便坐轮椅者靠近开门（参见图5-34）。

图5-34　扶手高度及起止两端的水平延伸

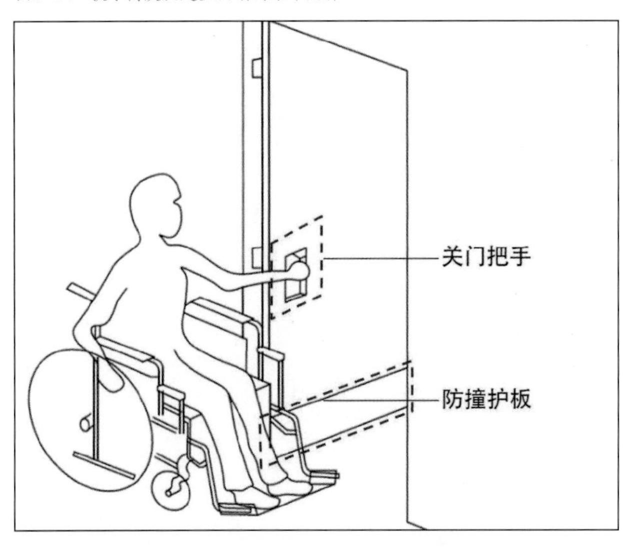

户门开启后，通行空间应至少有800mm的净宽。

（2）厨房

厨房也要考虑到轮椅进出和回转的方便，所以，厨房的净空尺寸应稍大于普通的家庭厨房。轮椅进入厨房后再回转出来所需的最小直径是1500mm，厨房单排设备的宽度一般不会小于500mm，所以，考虑单面布置设备的厨房，其净宽应至少有2000mm，考虑两面布置的，其净宽应至少有2500mm。厨房内若能安排两人用餐的位置，可以避免残疾人搬运食物和餐具的困难。

厨房以开敞式的较为理想，因为可以减少动作。如果需要安装门扇，则宜推拉门为宜，推拉门还可节省空间。

灶台的高度应较常规适当降低，以720～750mm为宜。这个高度，坐轮椅者和拄杖者都能使用。灶台上方的吊橱，其底面距操作台的高度以300mm为宜，即吊橱底面的距地高度在1050mm左右，吊橱本身的深度可做到250～300mm，这是坐轮椅者隔着灶台从吊橱取物较适宜的尺度。

灶台下方应留有至少700mm（宽）×600mm（高）×250mm（深）的空间，这是考虑到坐轮椅者上半身靠近案前操作时，能以舒适的姿势安排其下半身和轮椅。相应地，厨房不应采用下带烤箱和炉门的灶具。下带烤箱和炉门的灶具对于坐轮椅者，既不方便，且有危险。

厨房内的落地橱柜不宜采用平开门，因为许多残疾人难以弯腰取物。所以，橱柜采用推拉门，或代之以抽屉较为适用。

一般家用燃气热水器的安装高度都在1200mm以上。这个高度对于坐轮椅者而言，开关燃气阀门和观察热水器点燃情况均有困难，所以，燃气热水器的安装高度应降低到1000mm较为合适。

此外，洗涤池上的龙头应采用单柄水控式冷热水混合龙头，而不应选用冷、热水各自独立的两个旋转阀门。

（3）卫生间

与其他空间相比，住宅卫生间应更便于轮椅出入。为方便家人或护理人员随时知晓老年人或残疾人在卫生间的情况，并在必要时进入卫生间协助或施救，卫生间的门应向外开启，或采用推拉门，以免出事故者或轮椅卡住门扇，造成开启困难。此外，卫生间的门扇应安装内外均可开启的门栓或门锁，以便在情况紧急时从外面开启。

卫生间和设备的要求和尺度可参考前述公共厕所与公共浴室的数据。

（4）开关与插座

户内的照明应采用双控线路与开关，以减少残疾人为开灯关灯而往返走动。

考虑到视力残疾者的特点，开关应采用搬把式的而不应采用拉线式。因为拉线开关在开灯关灯时，都是一个方向、一样的长度，它不能经触觉传达照明启闭的信息。

开关的安装高度应在900～1000mm左右。起居室、卧室插座的高度应为400mm，厨房、卫生间插座的高度应为700～800mm。

扶手的无障碍因素

坡道、台阶、楼梯两侧应设高850～900mm的扶手。设上、下两层扶手时，下层扶手的高度应为650mm。

扶手在坡道、台阶、楼梯的起点和终点处应以水平段延伸300mm（图5-35）。这一小段延伸的扶手很重要，因为在第一踏步和最后踏步，人此前连续重复的动作会被打断，如果没有充分的意识就容易摔跤，扶手的这一水平延伸段能起到提示和保护的作用。

圆管扶手截面的直径宜为45～50mm，其他截面形式扶手的尺寸应以此为参照。残疾人使用扶手不是轻扶一下，而是紧握扶手并借力向前行走，有时上半身还需压在扶手上。扶手截面过大就不便于手掌把握，不能借力，其安全度就低。

扶手内侧与墙面的距离应为45～50mm。扶手周边的空间若过小，就不便使用者的手在瞬间把握，会影响扶手的使用效果（图5-36）。

图5-35　扶手高度及起止两端的水平延伸（单位：mm）

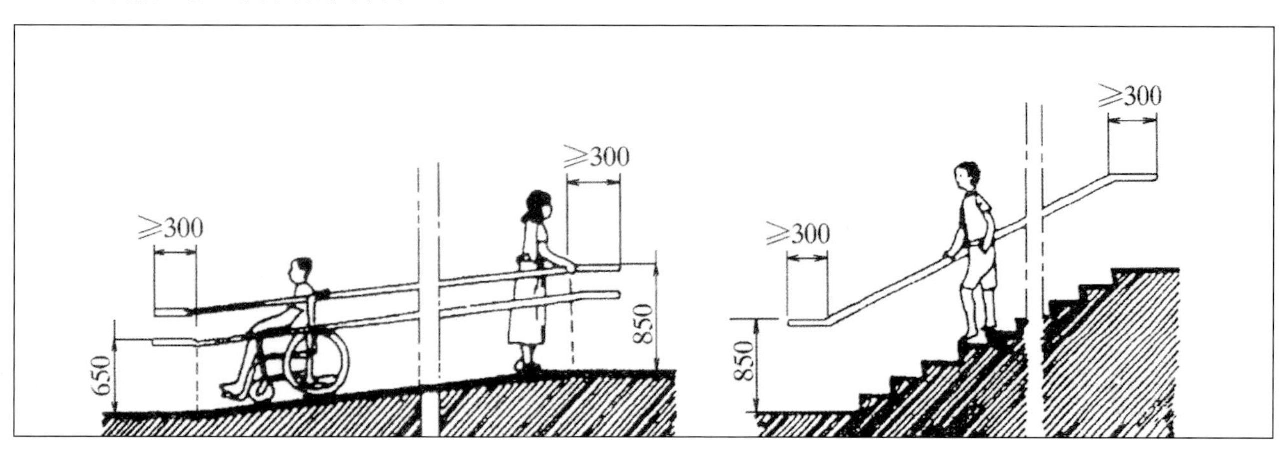

图5-36　扶手截面与距墙净空/mm

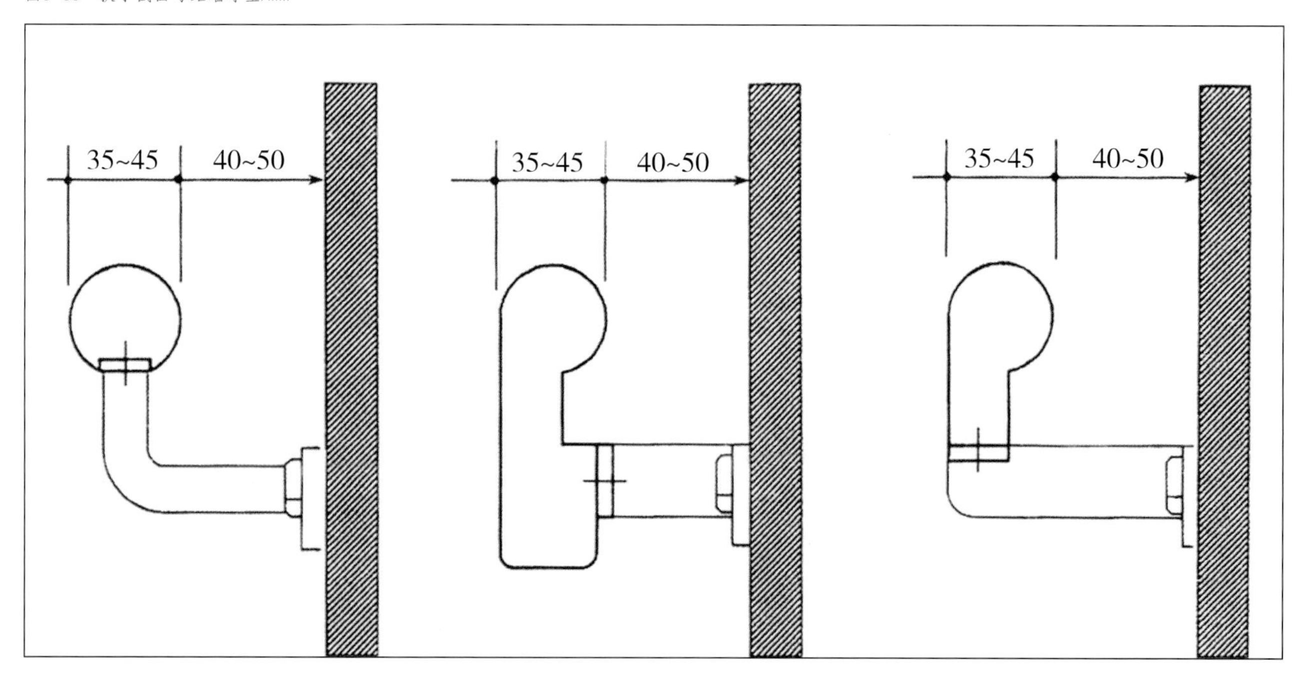

5.5 视力残疾者的便利环境

视觉残疾者是依赖自身的触觉、听觉、光感采集环境信息的，因此，在其行进路线上应设置导盲地砖、盲文标志牌或触摸导引图以及音响装置。

导盲地砖

导盲地砖按其功能有两种：导向砖（亦称行进提示块）和位置砖（亦称停步提示块），平面都是正方形，边长一般为150 ~ 400 mm（图5-37、图5-38）。

盲道

盲道按其功能也有两种。一种是引导视力残疾者连续向前行进的盲道，叫做行进盲道。行进盲道由导向砖连续铺成。另一种是告知视力残疾者起步、拐弯、或停止的盲道，叫做提示盲道。提示盲道由位置砖连续铺成（图5-39）。

图5-37 地面导向砖平剖面图（单位：mm）

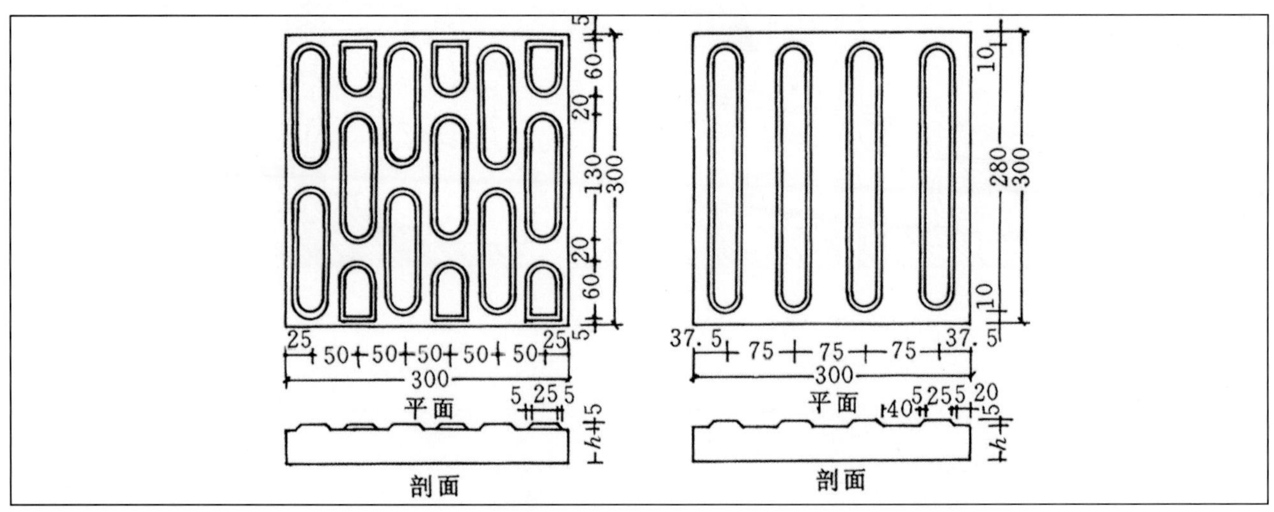

图5-38 地面位置砖（单位：mm）

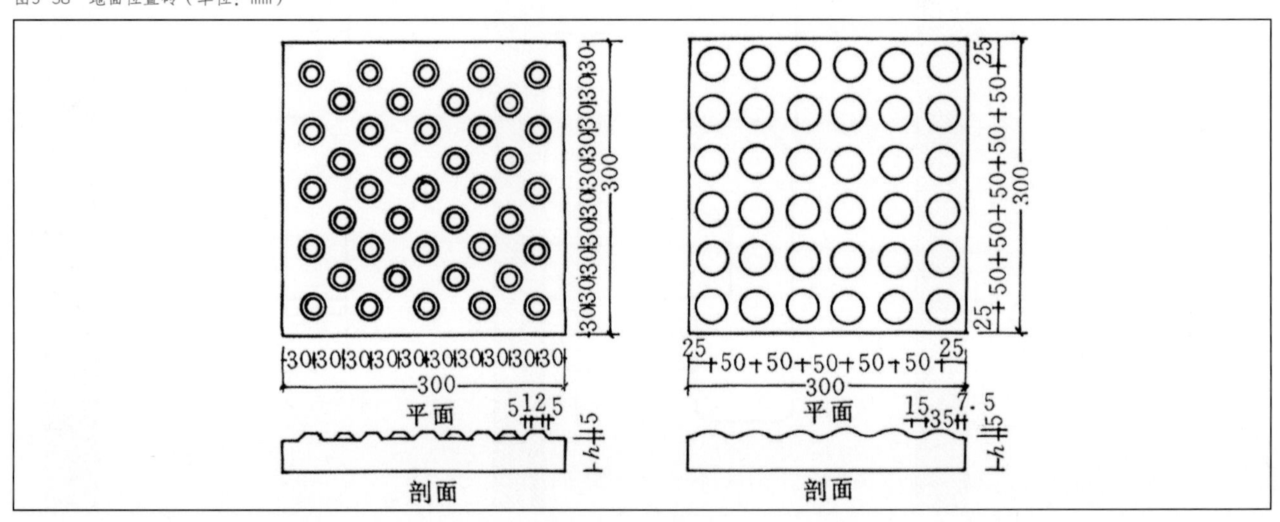

盲道有3项基本功能：一是形成无障碍空间以保障视残者行走的安全；二是减少普通行人对视残者行动的干扰；三是引导盲人适当远离沿街商店门口频繁进出的人群。

城市环境有车站、商店、公园出入口、人行天桥、地道等空间节点。在这些节点上视残者采集信息最方便的途径就是盲道。视残者依赖触觉从导盲砖上获取信息，辅以听力和记忆力来判断位置和方向。所以在人行道上铺设盲道，对于方便视残者的行动有重要意义。

人行道的缘石、绿化带或围墙等设施邻近空间，是铺设盲道的理想位置。行进盲道宜设在距围墙、花台、树池或绿化带250～500mm处（图5-40），距人行道缘石不应小于500mm。行进盲道的宽度宜为300～600mm，可根据道路条件选择低限或高限。盲道应连续，中途不得有电线杆、树木等障碍物。

下列情况应铺设提示盲道。

① 行进盲道的起点和终点处，告知视残者安全行进开始或已达终点（图5-41）。

② 行进盲道的交叉处和急拐弯处，告知视残者盲道要改变方向（图5-42）。

③ 人行横道、公园、广场、建筑物等的出入口。

④ 人行道、天桥、地道、坡道、梯道等地面有高差的地方。

⑤ 有固定障碍物的地方，例如人行天桥的周边，提醒视力残障者小心、慢速行进。

⑥ 有无障碍设施的地方，告知视残者到达的地点和位置，方便其继续行进或就地等候或进入使用。

图5-39　行进盲道与提示盲道

图5-40　行进盲道的位置（单位：mm）

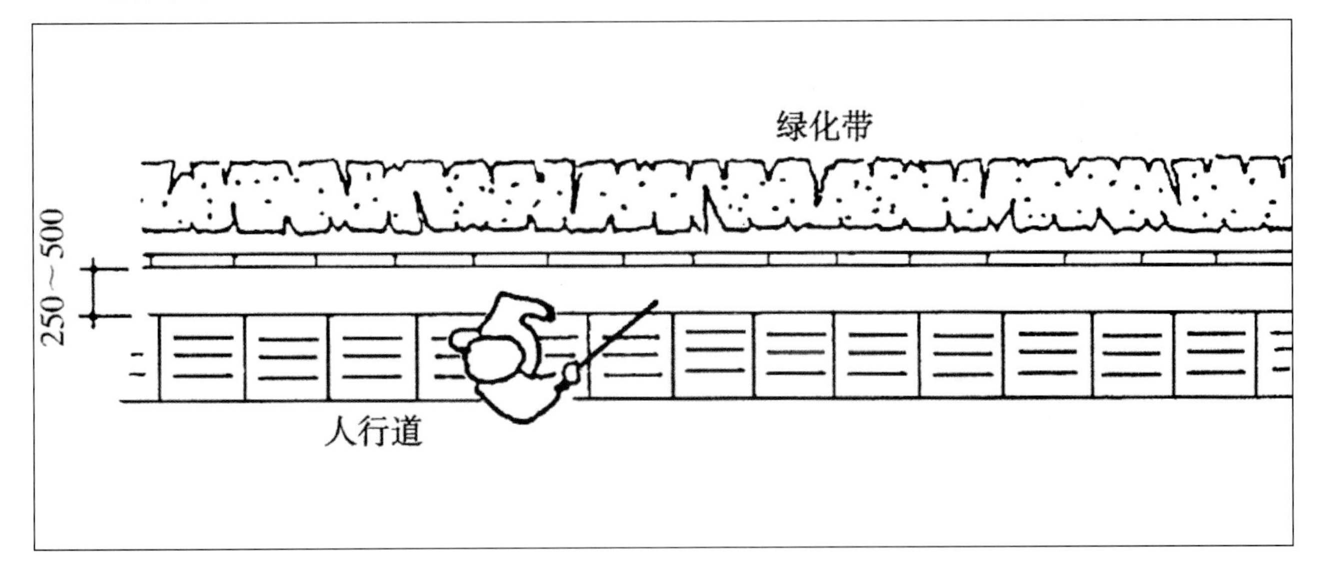

图5-41 提示盲道的位置（1）

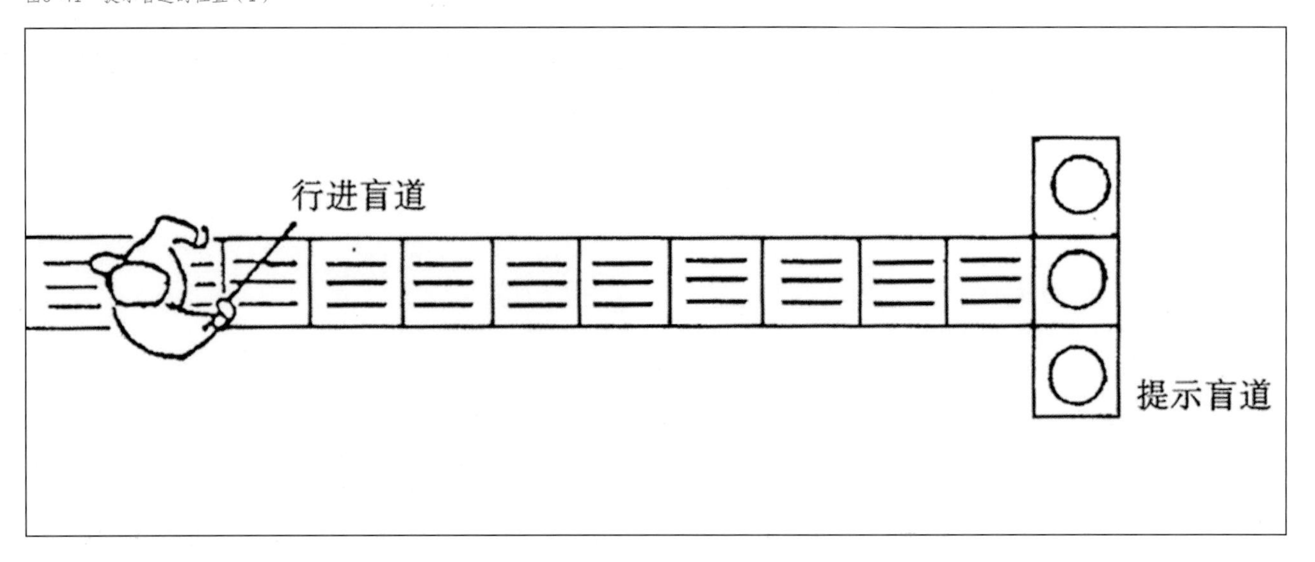

图5-42 提示盲道的位置（2）

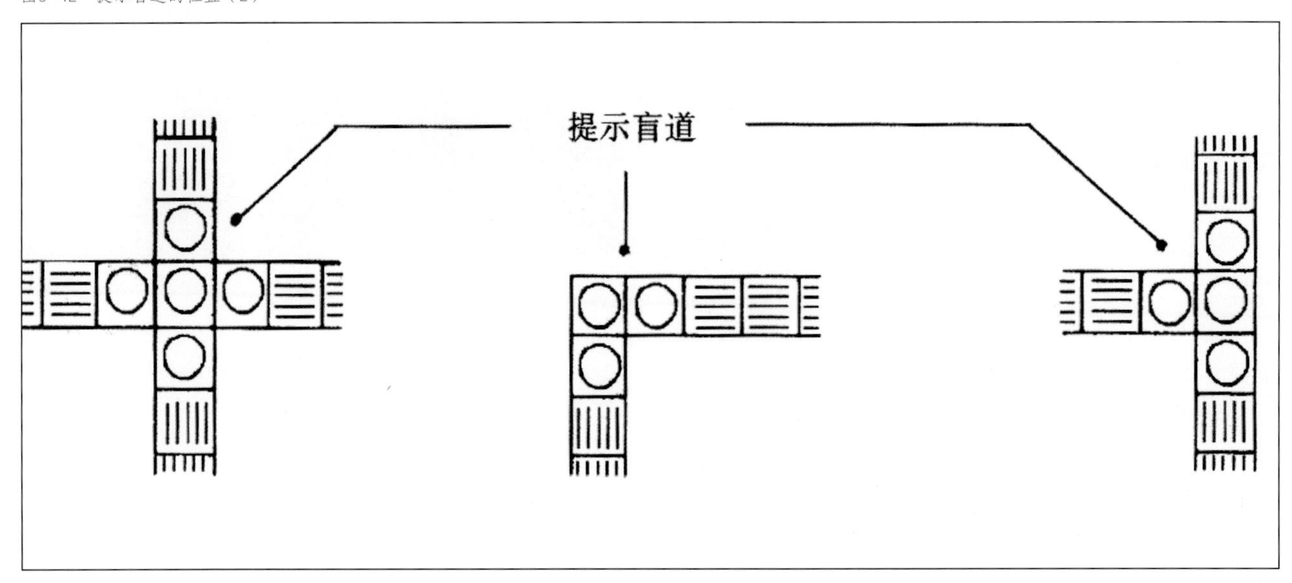

图5-43 提示盲道的位置（3）（单位：mm）

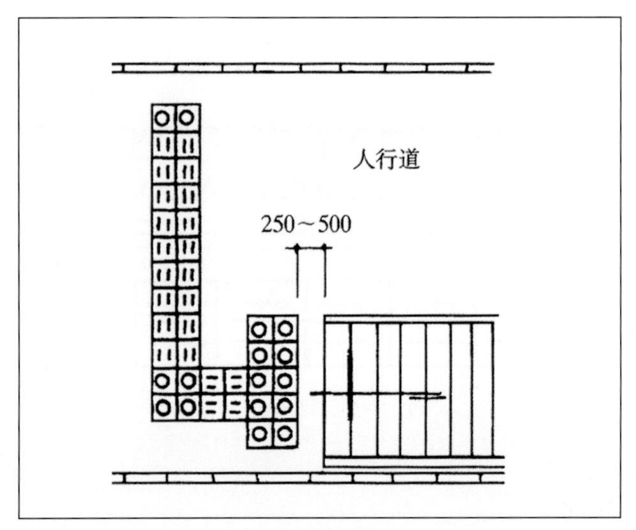

提示盲道的具体位置应在距高差起点（例如台阶或楼梯第一步外）的250～500mm处（图5-43）。提示盲道的宽度宜为300～600mm。为方便判断位置和空间尺度，提示盲道的宽度还应与各类出入口或坡道、梯道的宽度相对应。为防一步跨过，在行进盲道的起点和终点，提示盲道的深度应大于行进盲道的宽度。

此外，盲道的颜色宜为中黄色。黄色是明度最高的颜色，对弱势者和有光感的视残者在视觉上比其他颜色更为明显、更容易发现，也容易引起常人的注意。

盲文标志

公共建筑中扶手的起点与终点处应安装盲文标志，可使视残者了解自己所在位置及走向，以便继续行进（图5–44）。

电梯的各按钮上也均应附加盲文。

音响装置

有红绿灯的路口，宜设音响装置，其声响的变化应与红绿灯的切换同步，以引导视残者过街（图5–45）。

电梯抵达时，轿厢内外都应有明确、清晰的报层音响。

障碍防护

凡有易导致意外碰撞的固定障碍物之处，均应加装防护措施以免视残者在行走中意外撞及受伤。例如人行天桥下的三角空间，在2000mm高度以下应安装防护栅栏（图5–46）。

图5–44　扶手盲文标志

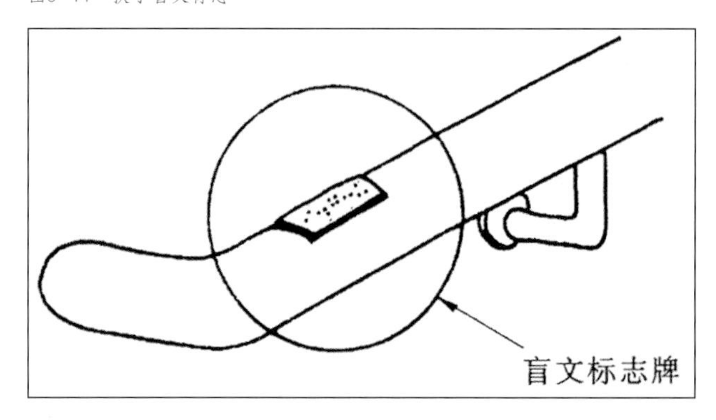

图5–45　盲人过街音响装置

图5–46　人行天桥下防护栅栏

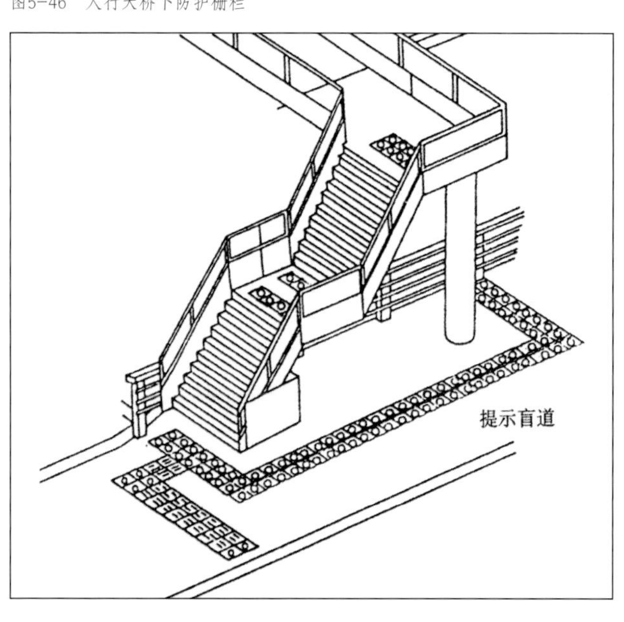

5.6 无障碍标志

室内外的各种交通与使用空间，应尽可能多地设置方便残疾人的信息源，使残疾人尽早、尽快地感知其所处环境的情况，尽量减少其焦虑感和心理的不安全因素。

无障碍标志是帮助残疾人确认与其有关的环境特性和引导其行动的视觉符号。凡符合无障碍标准的设施，应在显著位置张贴国际通用的无障碍标志。醒目设置无障碍标志的目的，一是方便和引导残疾人的行动，二是告知无关人员不要随意占用该设施（图5-47）。

无障碍标志的大小应与识读距离相适应，尺寸可从100mm×100mm到400mm×400mm的范围内选用。标志牌的一侧或下方若辅以文字说明或方向指示，其意义将更加明确。

国际通用的轮椅标志是1960年国际康复协会在都柏林召开的国际康复大会上表决通过的（图5-48）。该标志只有黑、白两种颜色。当标志牌的底色是白色时，边框和轮椅为黑色；当标志牌的底色是黑色时，边框和轮椅则为白色（图5-49）。轮椅标志已获全世界广泛认可，是世界通用的下肢残疾者无障碍通行的指示，所以不可随意改动。安装时，标志中轮椅的朝向应与指引通行的方向一致。

图5-47 显著位置张贴无障碍标志

图5-48 国际通用轮椅标志的设计

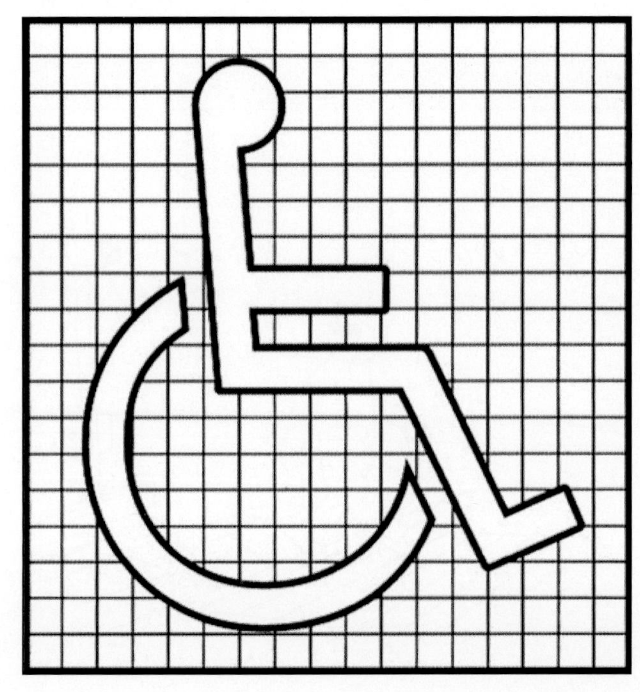

其他常用的无障碍标志有听力无障碍标志（图5–50）、盲文电话标志（图5–51）等。

环境建设需要大量人力、财力的投人，它是国民经济重要的组成部分。实践证明，如果无障碍设施能与市政项目、建筑工程同步建设，则仅需增加极少量投资，甚至能做到不增加投资。反之，如果市政或建筑项目不同步考虑无障碍要求，待建成后再做无障碍的改建，则将花费更多的人力和财力。1984年，我国香港行政当局制定了《弱能人士守则的设计规定》，强制执行道路与建筑的无障碍化。一些大型公共建筑和主要市政设施，如政府机关、大会堂、体育场馆、影剧院、宾馆饭店、购物中心、写字楼、邮局、银行、学校、人行道、隧道等，按守则标准实施后，所增加的费用均在总投资的1%以下。可见，如果在设计阶段首先考虑方便残疾人、老年人和健全人共同使用的因素，就可以在不增加或增加很少投资的情况下，创造更大的经济效益和社会效益。

无障碍环境的建设，涉及参数、材料、构造、施工等许多技术问题。但它远不止是技术问题，它关系到尊重老年人、残疾人权益的社会意识的培养，所以，本质上它是社会问题在工程技术领域的延伸。无障碍环境是帮助老年人、残疾人实现其人生价值的基本物质条件，是老年人、残疾人参与社会的“桥梁”，是“爱心社会”的具体表现。

图5–49　国际通用轮椅标志图

图5-50 国际通用听力无障碍标志图

图5-51 国际通用盲文电话标志（TDD）

第 6 章　环境的物理因素与人体健康和工效

6.1　照明环境与人的视觉

光与色的概念

光（可见光）是一种能被人的视觉器官感受到的电磁辐射，其波长范围是380～780nm❶。在这个范围之外的，通常称为“线”和“波”。例如，波长大于780nm的红外线、无线电波等，和波长小于380nm的紫外线、X射线等。

人依赖不同的感觉器官从外界获取的信息中，有约80%来自视觉器官。光对人的视力健康和工作效率都有直接的影响，良好的照明环境是保证人正常工作和生活的必要条件。

（1）光源

自身能够发光的物体叫做光源。如果光源与照射距离相比，其大小可以忽略不计，这样的光源叫做点光源。点光源发射的光在空间各处的分布是均匀的。光源附以适当的装置后，可以发射平行的光束，例如探照灯。如果被照射的物体相对于光源或照射距离来说其体积极小，例如地球与太阳的关系，这时的光源叫做平行光源。

（2）光通量

光源发光时要消耗其他形式的能，例如电灯发光时要消耗电能，煤油灯和萤火虫发光时都要消耗化学能，所以，光源也就是一种把其他形式的能转变为光能的装置。前已述及，光是一种电磁辐射，光源辐射出的光能与辐射所经历的时间之比叫做光源的光通量。即，如果在t秒内通过某一面积的光能是A，那么光通量就是这一面积的光能A与照射时间t的比值（图6-1）。

光通量与光谱辐射通量❷、光谱光视效率、光谱光视效能成正比。光通量用符号Φ表示，单位是流明（lm）。1lm是1烛光❸的点光源在单位立体角内发射的光通量。发光强度是1烛光的光源，它发出的光通量就是4πlm。

❶nm：纳米，长度单位，$1nm=10^{-9}m$。

❷辐射通量是光源在单位时间内发出的能量，用符号Φe表示，单位是瓦（W）。

❸烛光是发光强度的单位之一。

图6-1 光通量

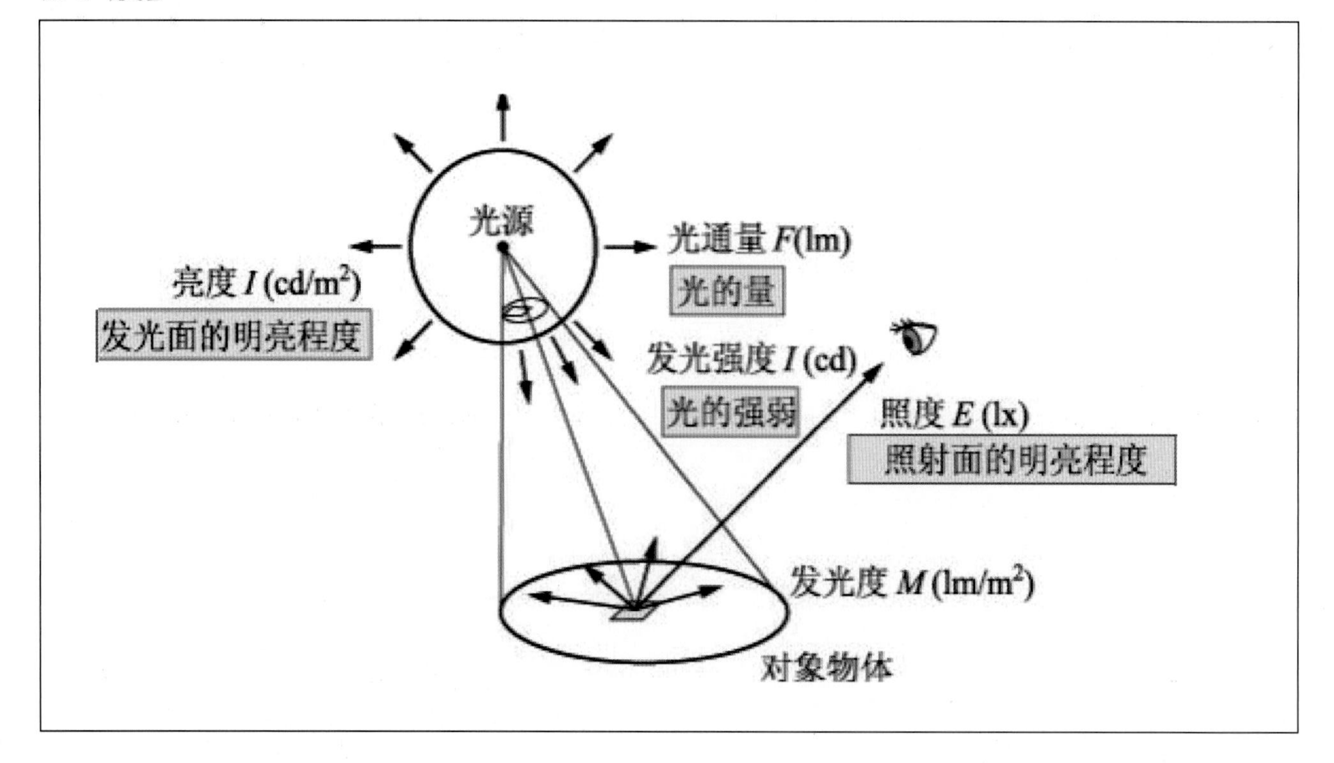

（3）发光强度

光通量描述的是某一光源发射出的光能的总量，但光能（光通量）在空间的分布未必是各处均等的。例如台灯戴与不戴灯罩，它投射到桌面上的光线是不一样的，加了灯罩后，灯罩会将往上投射的光向下反射，使向下的光通量增加，桌面就会亮一些。所以需要引入一个物理量——发光强度来描述光在空间分布的状况。光通量在空间的密度叫做发光强度。发光强度用符号I_α表示，单位是坎德拉（cd）。1cd是光源在1球面度立体角内均匀发射出1lm的光通量。

（4）照度

上述光通量和发光强度是就光源而言的，对于被照射的物体而言，需要引入照度的概念来衡量。照度是单位面积上光通量，也就是被照面上的光通量密度。照度用符号E表示，单位是勒克斯（lx）。1lx的含义是$1m^2$的被照面上均匀分布有1lm的光通量。

照度的定义与实际情况是相符的。当被照面积一定时，该面积上得到的光通量越多，照度就越大；如果光通量是一定的，在均匀照射的情况下，被照面积越大，则照度越小。理解照度有一个感性实例：在40W白炽灯下1m处的照度约为30lx。

（5）照度与发光强度的关系

关于照度与发光强度的关系有两条定律。

①照度第一定律：点光源垂直照射时，被照面上的照度E，与光源在照射方向的发光强度I_α成正比，与光源到被照面的距离r的平方成反比，即

$$E = I_\alpha / r^2$$

②照度第二定律：平行光源照射时，被照面上的照度E与入射角i（被照面法线与入射光线的夹角）的余弦和光源在i方向的发光强度I_α成正比，与光源到被照面的距离r的平方成反比，即

$$E = (I_\alpha / r^2) \cos i$$

（6）亮度

照度相同的情况下，黑色和白色的物体给人的视觉感受是不一样的，白色物体看起来比黑色物体亮得多，这说明照度不能直接描述人的视觉感受。

发光物体在人的视网膜上成像，人主观感觉该物体的明亮程度与视网膜上物像的照度成正比。物像的照度愈大，人觉得该物体愈亮。视网膜上物像的照度是由物像的面积（与发光物体的面积A有关）和落在这个面积上的光通量（与发光物体朝视线方向的发光强度I_α有关）的关系决定的。视网膜上物像的照度与发光物体在视线方向的投影面$A\cos\alpha$成反比，与发光物体朝视线方向的发光强度I_α成正比，这种关系叫做亮度。所以，亮度是发光物体在视线方向上单位面积的发光强度。亮度用符号L_α表示，即

$$L_\alpha = I_\alpha / (A\cos\alpha)$$

I_α单位是坎德拉每平方米（cd/m^2）或熙提（sb），$1sb = 10^4 cd/m^2$。

人主观感觉的物体的明亮程度，除了与物体的表面亮度有关外，还与所处环境的明暗程度有关。同一亮度的表面，分别置于明亮和昏暗的环境中，人会觉得昏暗环境中的表面比明亮环境中表面的亮。为区别这两种不同的亮度，常将前者称为物理亮度（或称亮度），将后者称为表观亮度（或称明亮度）。图6–2所示的是物理亮度与表观亮度的关系。该图说明，相同的物体表面亮度（横坐标）在环境亮度不同时，会产生不同的亮度感觉（纵坐标）。

（7）亮度与照度的关系

所谓亮度与照度的关系指的是光源亮度与它所形成的照度之间的关系。反映该关系的是立体角投影定律：某一亮度为L_α的发光表面在被照面上形成的照度的大

图6–2　物理亮度与表观亮度的关系

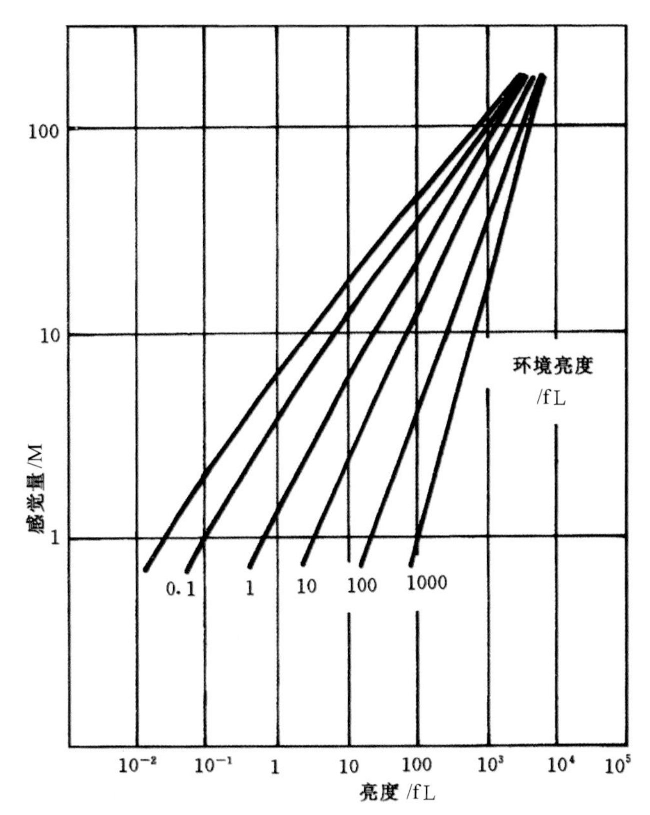

小，等于该发光表面的亮度L_α与该发光表面在被照点上形成的立体角Ω的投影（$\Omega \cos i$）的乘积。

该定律说明：某一发光表面在被照面上形成的照度，仅和发光表面的亮度及其在被照面上形成的立体角投影有关。

（8）颜色

人眼之所以能看到物体，是因为光由该物体反射到了人的视网膜上的缘故。黑暗环境中没有光，人眼无法看到周围物体，也就无法识别物体的颜色。所以，颜色是由光引起的。

日光没有颜色，物理学称之为白光。棱镜折射实验表明：日光（白光）经棱镜折射后会分解成各种不同的有色光。白光经棱镜折射后投射到白纸上，白纸上就有一条彩色的光带，光带中的颜色总是这样排列：一端是红色，另一端是紫色，中间依次是橙、黄、绿、蓝、靛。这样的光带叫做光谱。

光谱中的每一种有色光叫做单色光。被分解的白光经凸透镜的折射，又能复合成白光。白光的分解和复合实验说明，白光是由各种单色光混合而成的。由单色光混合而成的光叫做复色光。太阳、白炽灯、日光灯发射的光都是复色光，也就是白光。

光的颜色是由光的频率决定的。一种单色光的颜色不同于另一种，就是这种光的频率不同于另一种光的频率。复色光（白光）是由各种频率不同的单色光混合而成的，红、橙、黄、绿、蓝、靛、紫是组成白光的主要色光。红光的频率最小，紫光的频率最大。各色光的频率与波长如表6–1所列。

白光射到某种颜色的透明体上时，所能透过的是与透明体同一颜色的光，其他色光均为透明体所吸收，所以，透明体的颜色是由能透过它的色光来决定的。

某种颜色的不透明体，当白光投射到它的表面时，所能反射的是与该不透明体的表面同一颜色的光，其他色光均为该不透明体的表面所吸收，所以，不透明体的颜色是由它所反射的色光来决定的。

物体的表面如果能够吸收全部的色光，该物体就是黑色不透明体；物体的表面如果能够反射全部的色光，该物体就是白色不透明体。

表6–1 主要色光的频率与波长

光谱区域	频率 / Hz	波长（真空）λ/nm
红	3.9×10^{14} ～ 4.7×10^{14}	7700 ～ 6400
橙，黄	4.7×10^{14} ～ 5.2×10^{14}	6400 ～ 5800
绿	5.2×10^{14} ～ 6.1×10^{14}	5800 ～ 4950
蓝，靛	6.1×10^{14} ～ 6.7×10^{14}	4950 ～ 4400
紫	6.7×10^{14} ～ 7.5×10^{14}	4400 ～ 4000

人的视觉特性

外界的光从瞳孔进入眼球，经晶状体和玻璃体在视网膜上投影成像，然后由视神经将该影像传递给大脑，形成视觉形象（图6-3）。人的视觉有如下特性（图6-4）。

（1）视野

视野是眼睛不动时所能看到的范围。若眼睛平视，人眼的视野在水平面内是左右各约94°；在垂直面内是向上50°，向下约70°（图6-5～图6-7）。图6-7中的空白区域为双眼视野；斜线区域为单眼最大视野；黑色区域为被遮挡范围。

图6-3　人眼的剖面图

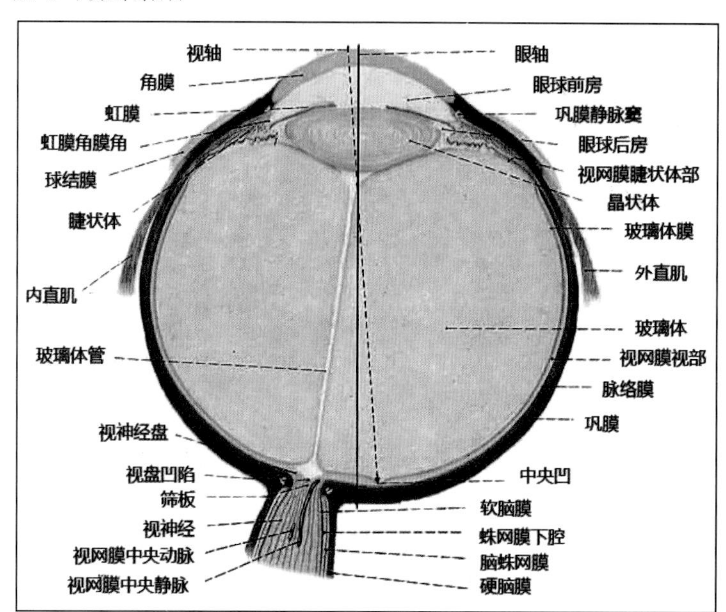

图6-4　人眼结构

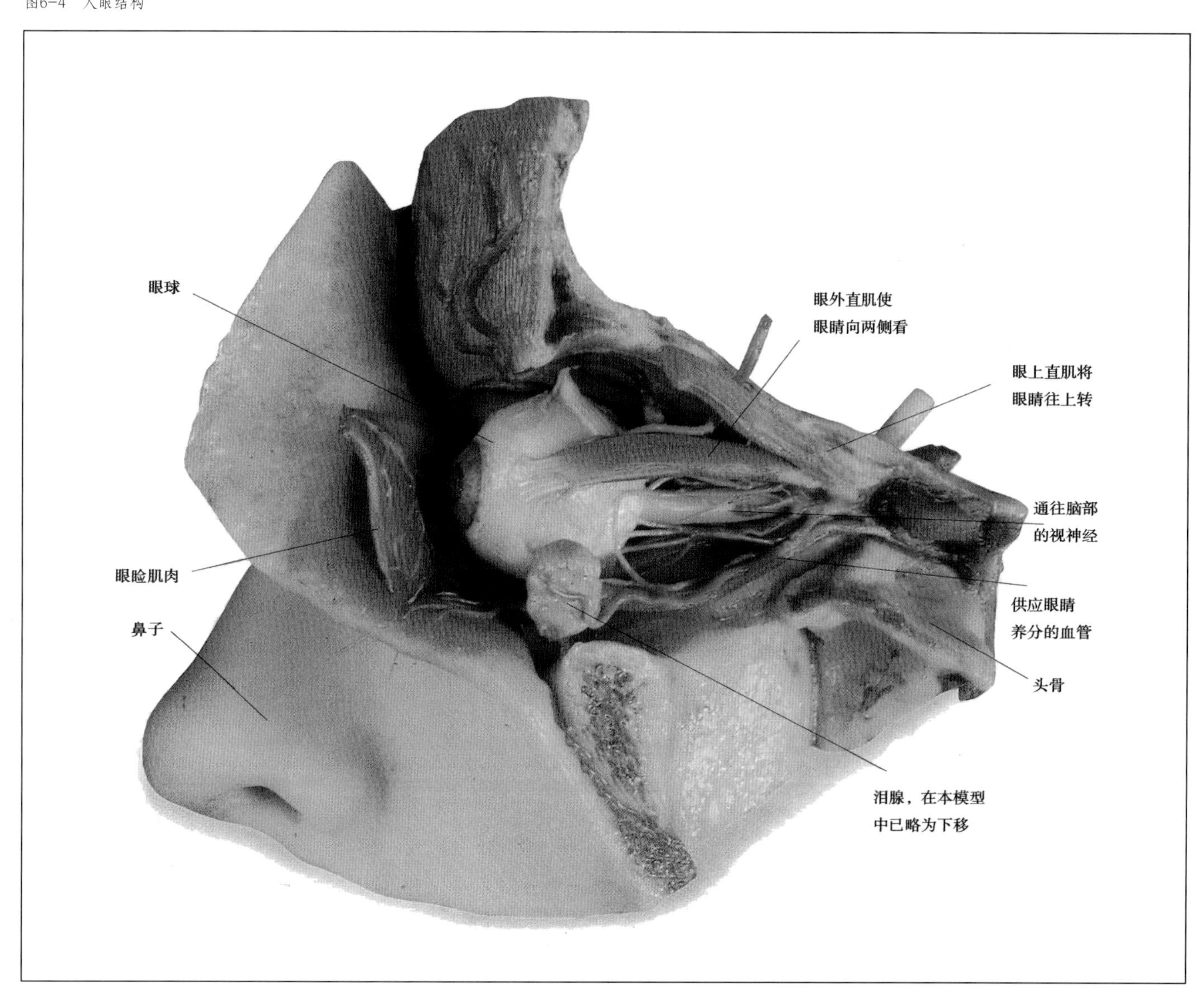

图6-5 人的视野（水平）

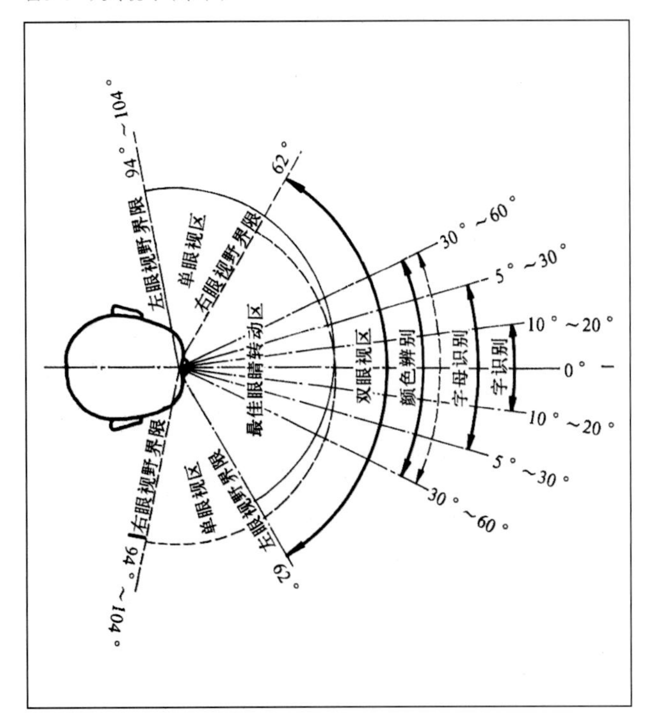

图6-6 人的视野（垂直）

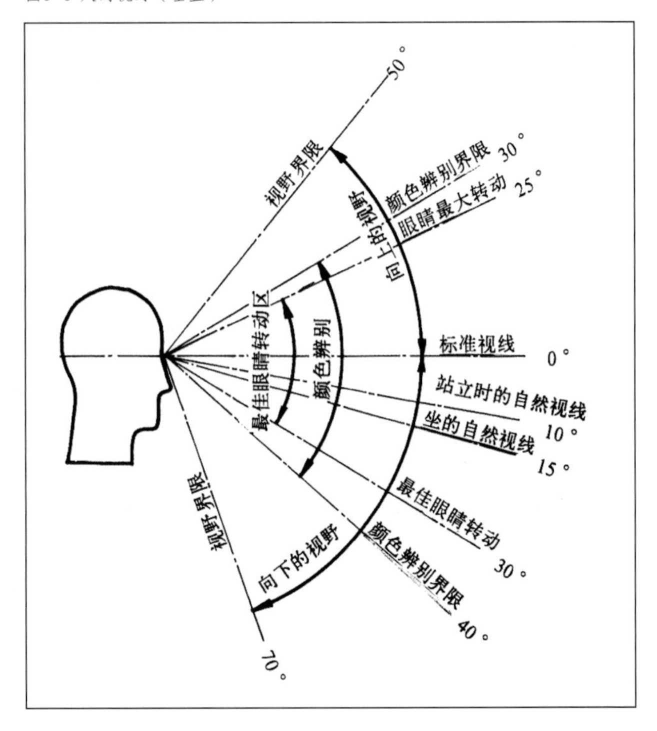

图6-7 人的视野（正面）

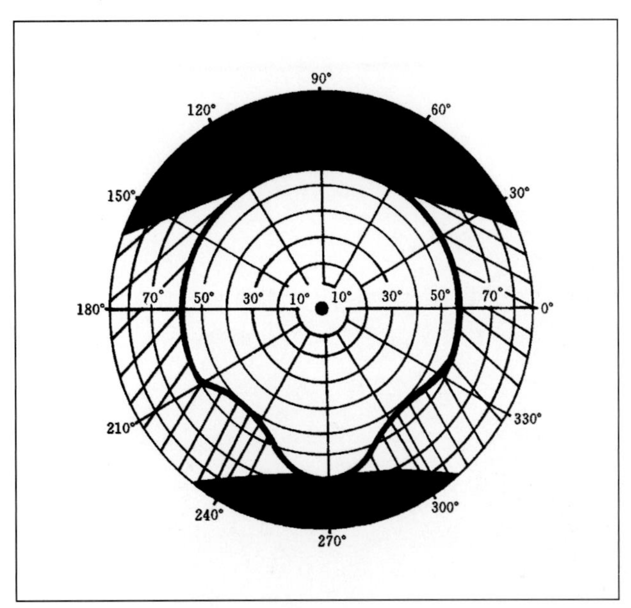

视野有主视野和余视野之分。主视野位于视野的中心，分辨率较高。在2° 的视野内，人有最高的视觉敏锐度，能分辨物体细部；在30° 的视野内，人有清晰的视觉，即在距视觉对象的高度1.5～2倍的距离，人可以舒适地观赏视觉对象。余视野位于视野的边缘，分辨率较低，余视野即视线的“余光”，所以，为看清楚物体，人总是要转动眼球以使视觉对象落在主视野内。就环境设计而言，人的视野的特点要求将使用频率高或需要清晰辨认的物体置于主视野内，使用频率低的或提示性的、不重要的物体放在余视野内。有这样的规则：重要对象：置于3° 以内；一般对象：置于20° ～40° 范围；次要对象：40° ～60° 范围；干扰对象，例如眩光：置于视野之外。

（2）明暗视觉

明视觉是指在明亮环境中（若干坎德拉每平方米以上的亮度水平）的视觉。明视觉能够辨认物体的细节，具有颜色感觉，并且对外界亮度变化的适应能力强。暗视觉是指在黑暗环境中（0.001cd/m^2以下的亮度水平）的视觉。暗视觉不能辨认物体的细节，有明暗感觉但无颜色感觉，且对外界亮度变化的适应能力低。

人眼能感觉到光的光强度。其绝对值是0.3烛光/in^2（1in^2=645.16mm^2）的十亿分之一。完全暗适应的人能看见50mils（84.7km）远的火光。

（3）颜色感觉

在明视觉时，波长为380～780nm的电磁波能引起人眼的颜色感觉。波长在这个范围外的电磁波，例如紫外线、红外线，不能为人眼所感觉。正常亮度下，人眼能分辨10万种不同的颜色。

（4）光谱光视效率

人眼观看同样功率的辐射，对不同波长的光，感觉到的明亮程度是不一样的。这种特性常用光谱光视效率曲线来表示（图6–8）。明视觉曲线的最大值在波长555 nm处，即黄绿光波段最觉明亮，愈向两边愈觉晦暗。换言之，在明亮环境中，人眼对波长为555nm的光，即黄绿光最敏感。暗视觉曲线与明视觉曲线相比，整个曲线向短波方向推移，长波段的能见范围缩小，短波段的能见范围扩大。由图6–8可知，在幽暗环境中，人眼对波长为510nm的光，即蓝绿光最敏感。

图6–8　光谱光视效率曲线

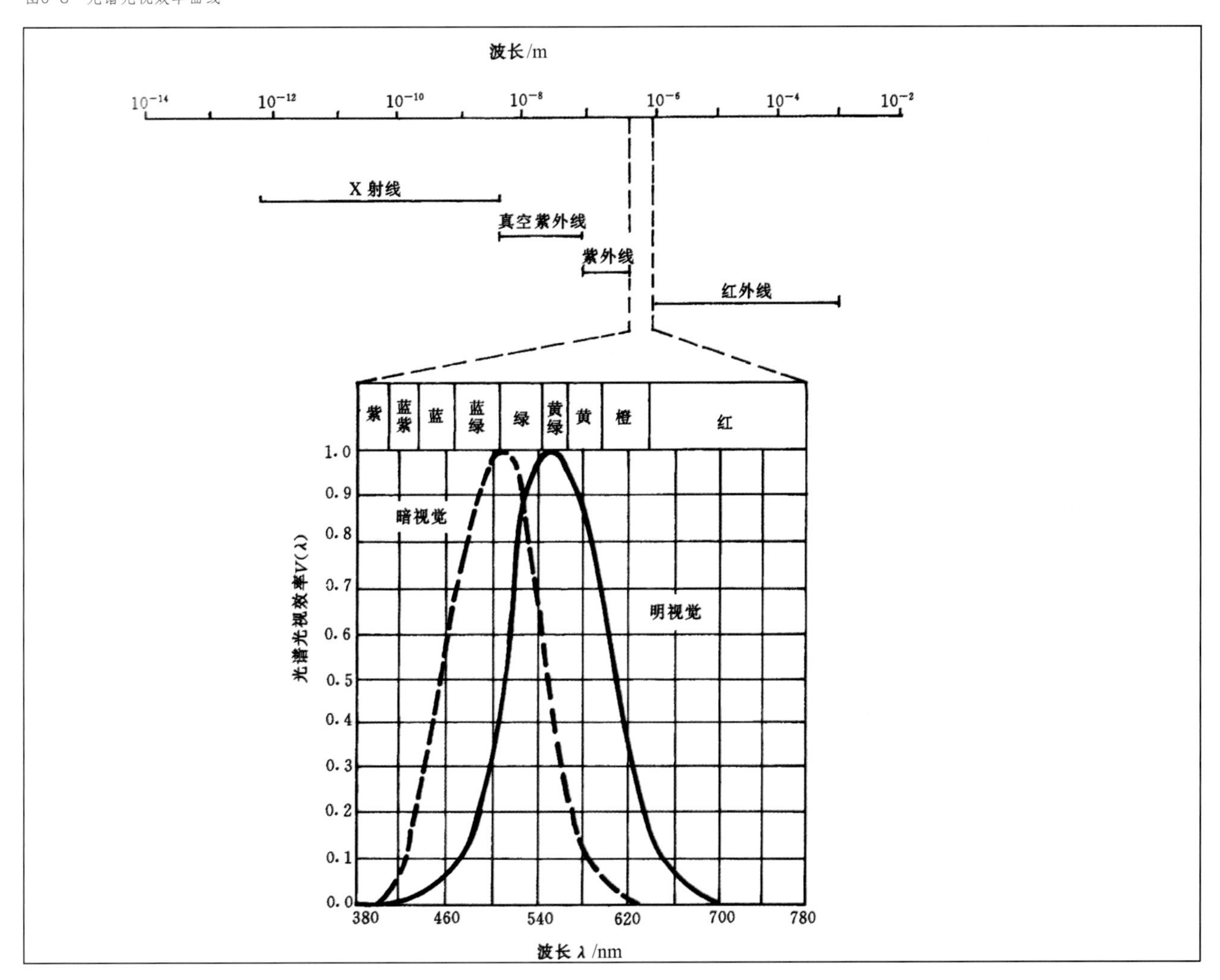

在不同亮度条件下人眼感受性的差异叫做“普尔钦效应”（Purkinje effect）。在做环境和产品的色彩设计时，应根据环境明暗的可能变化程度，利用上述效应，选择相应的亮度和色彩对比，否则就可能在环境亮度变化后（例如天然照明条件下的室内空间）产生完全不同的效果，达不到预期目的。

（5）视觉残留

人眼经强光刺激后，会有影像残留于视网膜上，这种现象叫做“视觉残留”。电影的动态和连续的视觉效果就是依赖视觉残留而取得的。残留影像的颜色与视觉对象的颜色是补色的关系，例如，人眼受到强烈的红色光刺激后，残留影像是绿色的。

（6）视错觉

人的视觉感受与视觉对象的真实彼此不一致的现象叫做视错觉（图6-9）。视错觉可以由强光刺激、生活经验、参照对象等因素造成。环境和产品设计中常有视错觉的应用。例如，法国国旗红、白、蓝3个色块的宽度比为35:33:37，而人感觉这3个色块是等宽的，这是因为红色、白色相对于蓝色有扩张的感觉，而蓝色相对于红色、白色有收缩的感觉，所以要特意调整这3块色块的宽度比，使之符合人对“相等”的视觉要求。帕提依庙（Pathenon）台阶中央微隆、四周列柱的侧脚以及稍间收窄、明间略宽的处理，部分原因也是基于视错觉的考虑。

图6-9 视错觉：平行或倾斜

照明环境

良好的照明环境有利于提高工作效率，减少事故发生和人为差错。照明环境的设计至少应考虑三方面的要求：照度标准，光线质量，避免眩光。

（1）照度标准

不同环境中的视觉对象有不同的照度要求。就工作效率而言，同一条件下照度越大越好。有资料表明，适当提高照度，不仅能减少视疲劳，而且能提高生产率（图6-10）。所以发达国家都对其国内的各生产环境定有照度标准，它是环境照明设计必须符合的规范。

但照度越大，耗能就越多，所需的投资和日常开销也越大。所以，照度的确定既要考虑视觉需要，也要考虑经济的可能性和技术的合理性。

（2）光线质量

光线质量有两方面的要求：①均匀稳定；②光色效果。均匀稳定指的是光线在视野内亮度均匀且无波动、

图6-10 照度、视疲劳、生产率的关系

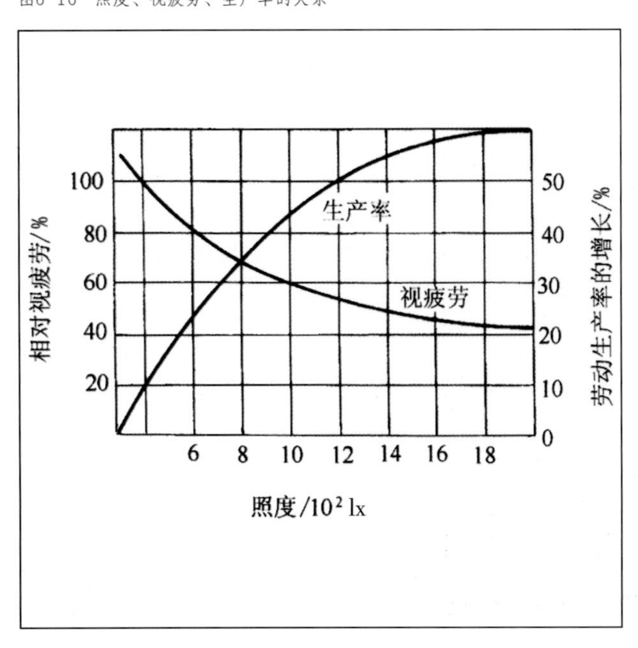

无频闪。光色效果涉及光源的色表和光源的显色性2个因素。光源的色表是光源所呈现的颜色。光源的显色性是不同的光源分别照射同一物体，该物体会呈现不同颜色的现象。

显色性用显色指数来表征。日光的显色性最佳，物体只有在日光（白光）下才会显示其本色。规定日光的显色指数为100，其他光源的显色指数都小于100（表6-2），显色指数越小显色性越差。

（3）避免眩光

刺眼的光线叫做眩光，它是由视野内物体亮度悬殊产生的。眩光危害很多，它会降低视力，破坏暗适应，产生视觉残留，进而分散注意力，引起视疲劳，降低工作效率。所以，无论环境还是产品，一般都不应在使用者的视野中出现眩光。

眩光的产生有两种情况：①直接眩光——眩光源直接进入视野（图6-11）；②间接眩光——眩光经反射进入视野（图6-12）。相应地，避免眩光可采取两方面的措施：①避免直接眩光：减小眩光源的发光面积；将眩光源移出视野；提高眩光源周围的亮度。②避免间接眩光：改变眩光源位置或改变反射面角度；更换反射面材质，使之不反射或少反射；提高反射面周围的亮度。

表6-2　常用光源的显色指数

光源	显色指数
白炽灯	97
氙灯	95 ～ 97
荧光灯	55 ～ 85
金属卤化物灯	53 ～ 72
高压汞灯	22 ～ 51
高压钠灯	21

图6-11　直接眩光

图6-12　间接眩光

6.2 热湿环境与人体健康和工效

热湿环境又称微气候，指的是生产或生活环境里空气的温度、湿度、流速等因素构成的物理条件。

热湿环境因素

（1）空气温度

空气温度是空气冷热程度的指标。空气温度的测量有摄氏温标（℃）、华氏温标（℉）和绝对温标（K）3种。3种温标的换算公式如下：

$t(\mathrm{K}) = 273 + t(℃)$

$5t(℉) = 9t(℃) + 160$

式中，t（K）为绝对温标；t（℃）为摄氏温度；t（℉）为华氏温标。

（2）空气湿度

湿度是空气干湿程度的指标。湿度有绝对湿度和相对湿度两种。绝对湿度（f）是指在一定温度和压力下，单位体积空气中所含的水蒸气质量。相对湿度（ϕ）是指空气的绝对湿度与同温同压下该空气中饱和蒸汽量的百分比。所谓饱和蒸汽量（f_{max}）是指在一定温度和压力下，单位体积空气中水蒸气达到饱和状态时的质量。绝对湿度与相对湿度的关系可以下式表示：

$$\phi = \frac{f}{f_{max}} \times 100\%$$

或

$$\phi = \frac{e}{E} \times 100\%$$

式中，f为绝对湿度；f_{max}为饱和蒸汽量；e为水蒸气分压力，mmHg；E为饱和蒸汽压，mmHg。

绝对湿度相同而温度不同的空气对人有不同的影响，所以通常用相对湿度指示空气的干湿程度。相对湿度在70%以上属高湿区。居住空间相对湿度以40%～60%为宜。

（3）气流速度（风速）

气流是由气压差引起的空气流动（风）。空气总是由高气压处往低气压处流动。空气流动的速度称为气流速度或空气流速或风速（m/s）。气流能促进人体皮肤表面散热，它是室内自然换气的原动力。室内气流速度可用热球微风仪测量。

（4）热辐射

热能借助于不同波长的各种电磁波的传递叫做热辐射。物体之间的热辐射取决于它们之间的表面温度差。表面温度差越大，辐射热越多。物体在单位时间、单位表面积上射出的热量称为该物体的热辐射强度［J/（cm^2•min）］。热辐射可用黑球温度计测量。

空气的温度、湿度、流速、热辐射对人体的影响可以互相补偿。例如，人体受热辐射所获得的热量可以被低气温所抵消；高气温的影响可以通过增大风速来减弱。因此，热湿环境的因素对人体的影响要综合分析。

人体的热平衡与热舒适

（1）热平衡

人是恒温动物，基本恒定的体温是人体生命活动的保障。环境温度变化时，人需要通过生理调节或/和行为调节来维持体温的正常。

体温的生理调节是指人体产热量与向外散热量相平衡的过程。人依赖体内营养物质的氧化获取热量（参第二章），通过体表辐射、汗液分泌等途径散发热量。人体产热量与向外散热量如果不能平衡，人的体温就要上升或者下降。人体产热与散热的关系可用下式表示：

$$\Delta q = q_m - q_e + q_r + q_c$$

式中，Δq为人体得失的热量，W；q_m为人体产热量，W；q_e为人体蒸发散热量，W；q_r为人体辐射换热量，W；q_c为人体对流换热量，W。

当$\Delta q = 0$时，人体处于热平衡状态，体温恒定在36.5℃左右；当$\Delta q > 0$时，体温上升；当$\Delta q < 0$时，体温下降。

人体产热量q_m与人体的活动量有关。成年人在常温下静息时的产热量约为90～115W；在从事体力劳动时，产热量可达580～700W。人未出汗时，蒸发散热量q_e是通过呼吸和无感觉的皮肤蒸发进行的（图6-13）。当活动加剧或环境较热时，人体出汗，q_e随汗液的蒸发而上升。辐射换热量q_r取决于人体表面温度与环境温度的差。当周围物体的表面温度高于人的体表温度时，辐射换热的结果是人体得热，q_r为正值；反之则人体失热，q_r为负值。对流换热量q_c是人体表面与周围空气存在温差时的热交换值。当气温高于人的体表温度时，对流换热的结果是人体得热，q_c为正值；反之则人体失热，q_c为负值。

图6-13　人的皮肤

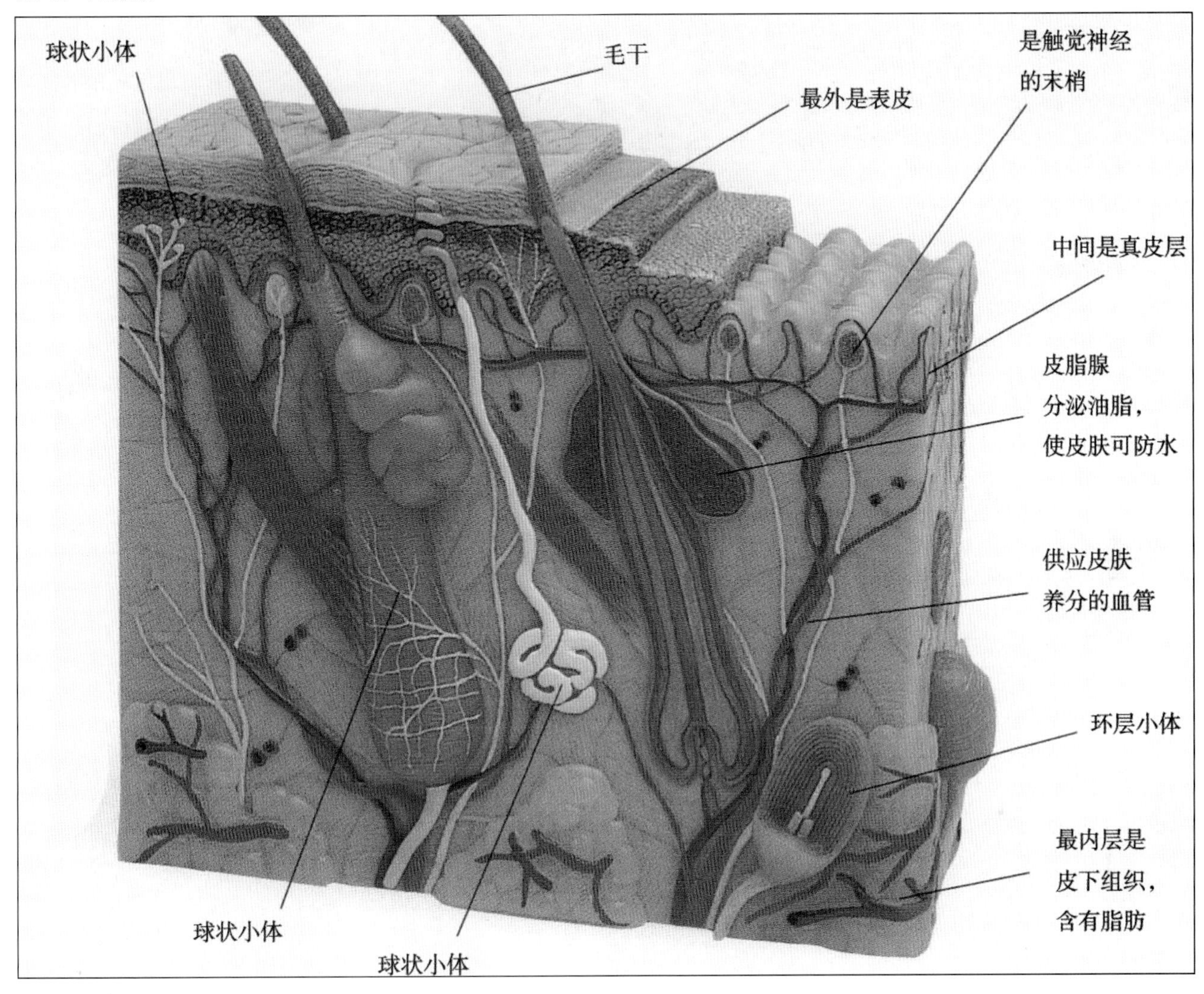

人通过生理调节来维持体温的能力是有限的，当生理调节不能满足人体热平衡时，人就通过行为调节来适应环境温度的变化，例如通过增减服装来调节人体保温、散热的条件，或通过空气调节来改善局部热湿环境等。

（2）热舒适

人体热舒适的前提是人体热平衡，但热平衡不等于热舒适，因为人体热平衡可以通过最大的生理调节来实现，例如出汗和寒颤，显然，出汗和寒颤都不是舒适的状态。舒适是指不存在任何不舒适因素，是主观感觉和生理指标的综合评判。

人对环境温度的感觉分为5个区：不舒适热区、热湿区、舒适区、寒颤区、不舒适冷区。在舒适区，人的汗腺仅有少量活动，皮肤潮湿面积小于20%；当皮肤潮湿面积大于20%时，人开始有不舒适的热感觉；在血管中等程度收缩和四肢皮肤发凉的水平，人会有不舒适的冷感觉，发展下去就会出现寒颤性体温调节，人感觉寒冷。

人可以通过服装和活动水平的调节改变对环境温度的感觉，因此，人体热舒适是人的工作状态、着装、环境温度之间生物热力学的综合平衡。

有效温度和不快指数是热舒适评价的常用指标。有效温度（ET, effection temperature）是美国Yaglon等人在20世纪20年代提出的一种热舒适指标。该指标包括的因素有气温、空气湿度、气流速度，它以受试者的主观反应为评价依据。

不快指数（DI）也是一种以受试者的主观反应为评价依据的指标。当DI＜70时，大多数人感觉舒适；当DI＝70～74时，有部分人感觉不舒适；当DI ＞ 75时，大多数人感觉难以忍受。不快指数增大，表明热湿环境对学习、工作有不良影响。通常，气温在15.6～21℃，相对湿度在30%～70%时，热湿环境处于人体感觉的舒适区。

热湿环境对人体健康和工效的影响

（1）过热环境

过热环境对人体健康的效应主要表现在两个方面。①皮肤温度升高。皮肤温度过高可引起皮肤组织灼伤。皮肤温度与人体的生理反应与主观反应的关系见表6-3。②体温升高。前述当$\Delta q > 0$时，体温上升，人体有热积蓄，呼吸和心率加快，有时可达正常值的7倍之多。持续的过热环境会导致人体热循环机能失调，发生急性中暑或热衰竭。热衰竭表现为全身倦怠、食欲不振、头晕恶心等症状，严重时，人会昏厥甚至死亡。当体温达到42℃时，个别人会立即死亡。

表6-3 皮肤温度与人体的生理与主观反应

皮肤温度 / ℃	生理与主观反应
35 ～ 37	感觉温热
37 ～ 39	感觉热
39 ～ 41	一过性痛阈
41 ～ 43	烧灼痛阈
> 45	组织损伤

通常，环境温度在27～32℃时，人体肌肉的工作效率开始下降；当环境温度达32℃以上时，人的注意力和精密工作的效率开始下降。所以，温度在32℃以上的环境是不适宜人有效开展工作的。

（2）过冷环境

低温环境会引起人体全身过冷或局部过冷。全身过冷时，当体温略有下降，人体会通过肌肉收缩（抖颤）来急速产热以维持体温。若体温继续下降，人体除通过肌肉剧烈抖颤来产生更多的热量外，还会通过血管收缩，使血压上升，心率增快，内脏血流量增加，以增加代谢产热量和减少皮肤散热量。

前已述及，人通过生理调节来维持体温的能力是有限的，当体温降至30～33℃时，肌肉由抖颤变为僵硬，失去产热的能力。当体温降至30℃时，个别人会立即死亡。常见的局部过冷的结果是人的手、足、耳、面颊等外露部分的冻伤。此外，长期在低温高湿环境（例如冷库）中作业，会发生肌痛、神经痛等病症。

在过冷环境中，人的触觉辨别准确率会下降，肢体灵活性和动作精确度会下降，视反应时间会延长。体温略有下降，人就会萌生睡意，思维速度随之降低。也就是说，过冷环境对体力劳动和脑力劳动的效率都有负面作用。

6.3 噪声环境与人体健康和工效

声音概说

声音是由振动产生的，按其振动与振动组合的特点有两种：噪音与乐音。噪音也叫噪声，是不同频率、不同强度的声波无规律的组合，例如工厂机器的轰鸣、各种工具的撞击、马路人群的喧闹等。乐音是不同频率的声波有规律的组合。

（1）频率

发声体在单位时间内的振动次数叫做频率。频率用符号f表示，单位是赫兹（Hz）。1Hz是发声体在1s内振动1次。人的听觉的频率范围是20 ~ 20000 Hz。频率超过20000Hz的叫超声波，低于20Hz的叫次声波。超声波和次声波都不能被人听到。在人的听觉的频率范围内，频率低于300Hz的称低频，频率在300 ~ 1000 Hz的称中频，频率超过1000Hz的称高频（图6–14）。

图6–14　频率

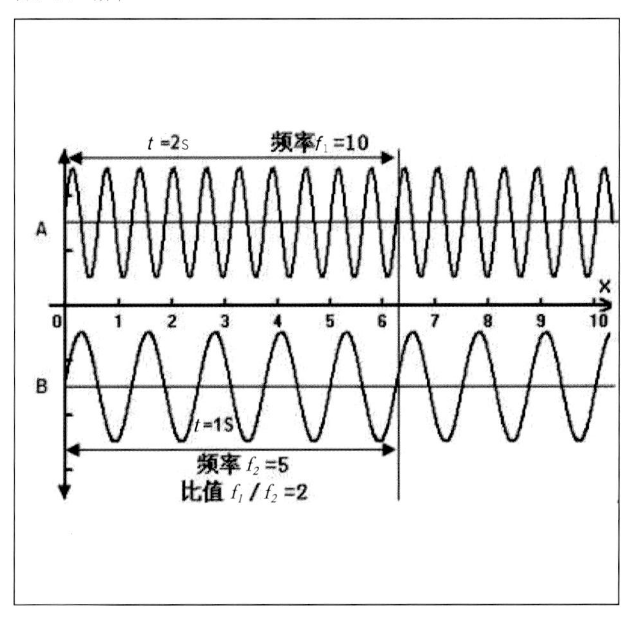

（2）周期

发声体完成1次振动所需的时间叫做周期。周期用符号T表示，单位是秒（s）。所以，频率与周期互为倒数，即

$$f = 1 / T$$

（3）波长

振动质点每振动1次所经过的距离叫做波长。波长用符号λ表示，单位是米（m）。波长与频率的关系是：波长小，频率高；波长大，频率低。

（4）声速

声波在单位时间内的传播距离叫做声速。声速用符号C表示，单位是m/s。声速与频率的关系是：

$$C = \lambda f$$

声波在不同介质中的有不同的传播速度，固体中声速最快，液体中次之，空气里最慢，约为340 m/s。

（5）声压

声波作用于物体上的压力叫做声压。声压用符号P表示，单位是帕斯卡（Pa）。人的听觉的声压范围是0.00002 ~ 20Pa。人能听到的最小声压叫做听阈，即0.00002Pa；使人耳痛的声压叫做痛阈，亦称可听高限，为20Pa。

（6）声压级

声压级是声压的相对值。声压级用符号L_p表示，单位是分贝（dB）。声压级与声压的关系是：

$$L_p = 20\lg P / P_0$$

式中，L_p为声压级，dB；P为声压，Pa；P_0为参考基准声压（0.00002 Pa）。

国际上统一把人能听到的最小声压，即听阈（0.00002Pa）定为0dB；把人耳的可听高限，即痛阈（20Pa）定为120dB。所以，人的听觉的声压级范围是0～120dB。表6–4所列是常见环境的声压级与声压。

（7）响度

听觉判断声音强弱的主观量叫做响度。响度用符号S表示，单位是宋。

（8）响度级

响度级是响度的相对值。响度级与响度的关系是：

$$L_s = 40 + 10\log_2 S$$

式中，L_s为响度级，单位为方；S为响度，单位为宋。

一般声压越大，响度也越响，但二者并无正比关系（表6–5）。

噪声危害

一定声压级以上的噪声可使人产生听觉疲劳和噪声性耳聋。在10～15dB的噪声作用下，人的听觉的敏感性下降，听阈相应提高，人离开该噪声环境后，听阈在几分钟内就能恢复到原来的水平，这种现象叫做听觉适应。在15dB以上的噪声持续作用下，人离开该噪声环境后，听阈需较长时间才能恢复到原来的水平，这种现象叫做听觉疲劳。

在一定声压级以上的噪声的长期作用下，人离开该噪声环境后，听阈不能恢复到原来的水平，这种现象叫做听阈位移。听阈位移达25～40dB时为轻度耳聋；听阈位移达40～60dB时为中度耳聋；听阈位移达60～80dB时为重度耳聋。

噪声可对人的生理活动产生不良影响。有研究表明，在超过85dB（A）的噪声作用下，人会出现头痛、头晕、失眠、多汗、恶心、乏力、心悸、注意力不集中、记忆力减退、神经过敏以及反应迟缓等症状。80～90dB的噪声对人的心血管系统会有慢性损伤，使人产生心跳过速、心律不齐、血压增高等生理反应，并且可引起消化系统障碍。有研究表明，80～85dB的噪声可使胃的蠕动次数减少37%，60dB以上的噪声，可使唾液量减少44%。115dB、800～2000Hz的噪声可明显降低眼对光的敏感性。

表6–4 常见环境的声压级与声压

环 境	声压级 /[dB(A)]	声压 /Pa
飞机起飞	120 ～ 130	20 ～ 60
织布车间	100 ～ 105	2 ～ 3
冲床附近	100	2
地铁	90	0.6
大声说话 (1m)	70	0.06
正常说话 (1m)	60	0.02
办公室	50	0.006
图书馆	40	0.002
卧室	30	0.0006
播音室	20	0.0002
树叶声	10	0.00006

表6–5 声压级与响度感觉

声压级变化 /dB	响度感觉
1	几乎察觉不出
3	刚可察觉
5	明显改变
10	加倍地响（或轻一半）

噪声也可对人的心理产生不良影响。噪声能加重人的烦恼、焦急等不愉快情绪。噪声引起人的烦恼的程度与噪声级、噪声频率、噪声变化以及人的活动性质、个体状况等有关。噪声级越高，引起烦恼的可能性越大。有试验表明，频率较高的噪声比响度相同而频率较低的噪声容易引起烦恼；强度或频率不断变化的噪声比强度或频率相对稳定的噪声容易引起烦恼；在住宅区，60dB（A）的噪声即可引起很大的烦恼；在相同噪声环境中，脑力劳动比体力劳动容易引起烦恼。

通常，噪声会妨碍人的生活和工作。在40～50dB（A）的噪声作用下，入睡的人的脑电波已有觉醒反应；65dB（A）的噪声会明显干扰人的正常谈话。噪声引起的烦躁、疲劳、反应迟钝，最终会导致工作效率降低和差错率上升。

噪声利用

噪声会妨碍人的生活和工作，但某些情况下，噪声可能是有益的，因为它能刺激人的注意力，汽车喇叭和轮船鸣笛都是其例。有试验表明，被试者在测试前一夜未睡，他在喧闹环境中的工作成果，比他在安静环境中的要好。老年被试者在安静环境中的工作速度和准确性都不及年轻被试者，但他在噪声环境中的工作速度和准确性都较好。所以，噪声有害无益的观点是有失偏颇的、不全面的。

噪声标准

噪声普遍存在，完全消除或隔绝噪声是做不到的，也是不必要的。但噪声的控制是必须的，在工厂车间，要保证噪声不致引起耳聋和其他疾病；在机关、学校、科研机构，要保证正常的工作和学习不受噪声的干扰；在居住区，起码要满足休息和睡眠对噪声环境的要求。

世界各国广泛使用A声级作为噪声评价的标准。按适用范围的不同，噪声标准分为两大类：听力保护噪声标准和环境噪声标准。听力保护噪声标准一般以85dB（A）为标准值；环境噪声标准一般以35～45dB（A）为基本值，再根据具体情况加以修正。

噪声控制

噪声控制有3个基本途径。

（1）控制噪声源

控制噪声源即减少噪声的产生或降低噪声的强度，这是控制噪声最直接、最有效的途径。例如：减少机器摩擦、降低空气流速；减小零件缝隙等。

（2）干扰噪声传播

干扰噪声传播的方法主要有：利用构筑物、建筑物、或地形作为屏障，阻断噪声传播的路径；或利用声波的指向性，采用合理的硬件措施，引导噪声向上空或野外排放；在噪声源周围采用隔声、吸声、隔振、阻尼等局部措施，限制其传播距离。

（3）加强个人防护

噪声危害的个人防护主要依赖防护器具的效用。常见的个人防护器具有橡胶或塑料制的耳塞、耳罩、声帽等。不同材料的防护器具对不同频率噪声的衰减作用是不同的。因此，应根据噪声的频率特性，选择适宜的防护器具。

6.4　振动环境与人体健康和工效

振动与人体

这里的振动指的是机械振动。机械振动是物体在一定范围内相对于某一位置其位移反复变化的现象。机械振动在生活和生产中普遍存在，例如心脏的跳动、行车的颠簸、汽缸活塞的运动等。

振动作用于人体可从振动方向、振动强度、振动频率三个方面加以描述。振动方向的描述与人体测量的基准面与基准轴相对应：当人体取立姿时，与纵轴方向一致的为X方向的振动，与横轴方向一致的是Y方向的振动，与铅垂轴方向一致的是Z方向的振动，坐标原点（X、Y、Z三轴的汇交点）设于人的心脏位置。振动强度的描述有多个物理量，如振幅、加速度等，其中以加速度的描述应用最广。振动频率是单位时间内物体做机械振动的次数，是评价振动对人体影响的基本参数之一。

振动对人体的作用，按作用范围和传导特点，有局部振动和全身振动两种。常见的人体局部振动是由人手操作振动工具引起的，例如人操作电锯、风镐、吸尘器等工具时，工具的振动首先作用于人手，进而经手腕、肘关节、肩关节传导至全身，这样的振动作用模式称作手传振动。全身振动是人体处于振动物体上时引起的，例如人坐在行驶的车上时所受的振动。

除了受到外界传来的振动，人体本身有自振，人体的各部分各有其自振频率（表6–6）。当外界传来的振动的频率与人体的自振频率一致时，人体的局部或全部会产生共振。此时，外界振动引起的人体生理反应最大。

正常重力环境中，人体传递垂直方向的振动以频率在4～8Hz时为最大，称为人体的第一共振峰；10～12Hz的振动次之，为第二共振峰；20～25Hz的振动再次之，为第三共振峰。振动对人体作用的效应随振动频率的增高而降低。

外界振动传入人体时所引起的效应与人体姿势有关。在外界振动频率相同的条件下，坐姿出现增大的效应，立姿出现减弱的效应，振动频率在3.5～4.5Hz的范围时，这种表现尤为明显。

表6–6 人体各部分的自振频率

人体部位	自振频率 /Hz
鼓膜	16 ～ 20000
鼻，喉	1000 ～ 1500
头骨	300 ～ 400
神经系统	250
下颌	100 ～ 200
眼球	60 ～ 90
手	30 ～ 40
脊椎	30
头部	20 ～ 30
全身（立姿）	5 ～ 12
骨盆	⩾ 5
胸腔内脏	4 ～ 8，10 ～ 12
全身（卧姿）	3 ～ 4
头　肩部（横向）	2 ～ 3
全身（软垫坐姿）	2 ～ 3

振动危害

（1）振动对人体健康的影响

不同频率、不同强度的振动，在不同情况下对人体有不同的影响。某些振动对人体的健康是有益的，例如跑跳类和摔打类的运动，在适量时，可以促进人体的运动系统、呼吸系统、循环系统和神经系统的机能。

某些频率和振幅的振动会引起人体各种不适（表6–7），例如晕车、晕船。

表6-7　实验条件下人体对全身振动的感觉

人体感觉	振动频率 /Hz	振幅 /mm
腹痛	6 ～ 12 40 70	0.094 ～ 0.163 0.063 ～ 0.125 0.032
胸痛	5 ～ 7 6 ～ 12	0.6 ～ 1.5 0.094 ～ 0.163
背痛	40 70	0.63 0.032
尿急感	10 ～ 20	0.024 ～ 0.08
粪迫感	9 ～ 20	0.024 ～ 0.12
头部症状	3 ～ 10 40 70	0.4 ～ 2.18 0.126 0.032
呼吸困难	1 ～ 3 4 ～ 9	1 ～ 9.3 2.45 ～ 19.6

还有些振动可以导致人体伤害，即所谓振动病。振动病通常是由长期使用振动工具引起的，振动频率是致病主因，通常是30 ~ 50Hz（锤打类工具）和800Hz（振动旋转工具，例如砂轮）的频率，振动加速度则使振动病更快地形成。

典型的振动病是“职业性手臂振动病”，或称白指病，它是因长期从事手传振动作业而引起的以手部末梢循环或手臂神经功能障碍为主的疾病，并能引起手臂骨关节-肌肉的损伤。所谓长期从事手传振动作业，是指密切接触手传振动、连续作业工龄在一年以上。

职业性手臂振动病的典型表现为振动性白指，发作时患者出现手麻、手胀、手痛、手掌多汗、手臂无力和关节疼痛等症状，并伴有指端振动觉和手指痛觉减退。振动性白指或称职业性雷诺现象（Raynaud’s phenomenon，图6-15），其发作具有一过性和时相性特点，一般是在受冷后出现患指麻、胀、痛，并由灰白变苍白，由远端向近端发展，界限分明，可持续数分钟至数十分钟，再逐渐由苍白、灰白变为潮红，恢复至常色。

轻度手臂振动病患者遇冷时偶有白指发作，发作时累及指尖部位；手部痛觉、振动觉明显减退，或手指关节肿胀、变形，神经-肌电图检查出现神经传导速度减慢或远端潜伏时延长。中度手臂振动病患者冬季会常有白指发作，发作时累及手指的远端指节和中间指节；手部肌肉轻度萎缩，神经-肌电图检查出现神经源性损害。

图6-15　职业性雷诺现象

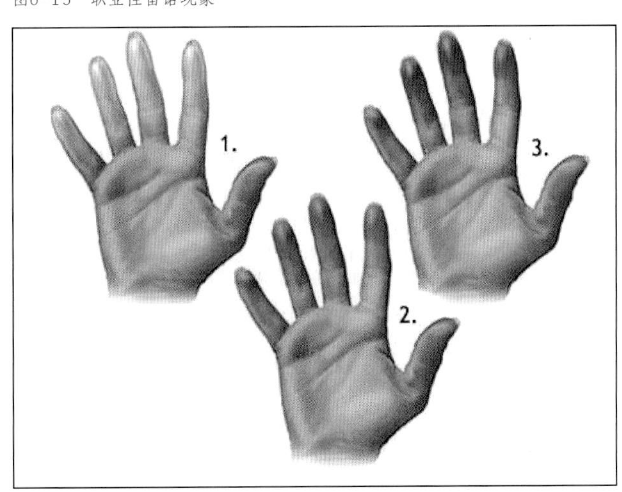

重度手臂振动病患者则有经常性白指发作，发作时累及多数手指的所有指节，甚至累及全手，更严重者可出现指端坏疽；手部肌肉明显萎缩或出现“鹰爪样”手部畸形，严重影响手部功能。

能引起手臂振动病的工种，主要是使用振动性工具，从事手传振动的作业。主要有凿岩工、铆钉工、风铲工、捣固工、固定砂轮和手持砂轮磨工、油锯工、电锯工、锻工、铣工、抻拔工等。调查显示，砂轮磨工白指病的患病率为22.2%；在接触振动16000h的人中，50%患有白指病。

白指病的发现迄今已有70多年，但各国使用的名称尚未统一。英国称为职业性雷诺氏性白指，苏联/俄罗斯和东欧各国称为振动病，日本称为白蜡病或振动障碍，美国称为振动症候群或振动综合征，中国称为手臂振动病。中国于1957年将手臂振动病列为法定的职业病之一，1985年制定了《职业性手臂振动病诊断标准》（GB 4869—85），2002年对该诊断标准做了修订（GBZ 7-2002）。

振动病，尤其是晚期病例，没有满意的治疗方法，故应以预防为主，做到早发现、早治疗。振动病的预防，一是要改革生产工艺和改进振动工具，以减少或消除振动源。其次，限制接触振动的时间。有人建议，使用振动工具的时间每周不应超过40h。第三，注意工具把柄的温度。有人试验，振动工具把柄温度保持在60℃时，工人很少出现振动病；把柄温度保持在40℃时，也有较好的防病效果；把柄温度降至10℃，就容易诱发振动性白指。第四，做好个人防护。注意身体保暖，作业时戴防护手套，连续工作2h后，用热水（40～60℃）浸手10min。第五，熟练掌握振动工具以减弱振动效应，同时加强营养补充和体格锻炼以增强身体的抵抗力。第六，严格规定就业禁忌征。凡有中枢神经系统器质性疾病、明显的植物神经功能失调、血管痉挛疾病、神经炎、肌炎、心血管系统疾病、消化系统疾病的人都不能从事振动作业。女性对振动危害很敏感，应限制女性从事某些振动作业。

（2）振动对作业效率的影响

振动对作业效率的影响主要体现于视觉效率下降和作业精度降低。

振动对视觉的影响与振动频率相关，振动频率越高，对视觉的干扰越大。射击移动目标较射击静止目标要难就是一例。具体而言，频率低于2Hz的振动对视觉的干扰不大，因为眼肌的调节补偿作用可使视网膜上的影像维持相对稳定；频率超过4Hz时，开始对视觉有明显的影响；频率达到10～30Hz时，对视觉有最大的干扰；频率达到50 Hz、加速度为2 m/s^2时，视力下降约50%（图6-16）。

振动对作业精度的影响与振幅相关，振幅越大，作业精度越低。人在颠簸的车、船上难以正常写字、作画，其主要原因是振动降低了手的稳定性，使之难以准确运笔。

图6-16 全身振动（坐姿）与视力下降

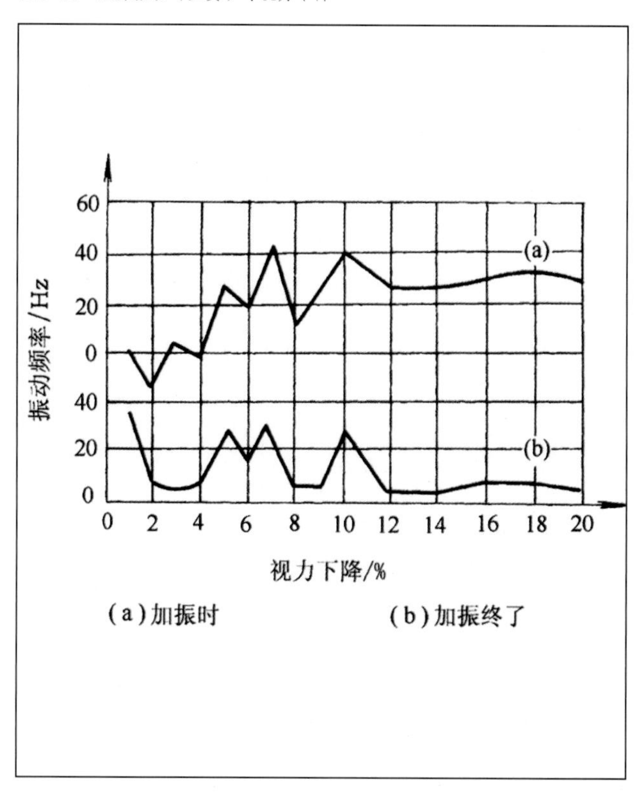

振动评价

针对手传振动和全身振动，国际标准化组织提出了相应的振动评价标准。

（1）手传振动的评价

手传振动以振动强度、振动频率、受振时间、受振方向4个物理量来综合评价，其评价曲线如图6–17所示，图中曲线与表6–8所列情况相对应。

（2）全身振动的评价

人体承受的全身振动有以下3个界限。

①疲劳–效率降低界限。主要用于评价拖拉机、建筑机械、重型车辆等的振动效应。振动超过该界限，将引起人的疲劳、导致工作效率下降。

②健康界限。相当于危害极限，振动超过该界限，将损害人的健康和安全。健康界限是疲劳–效率降低界限的2倍。

③舒适性降低界限。主要用于评价交通工具的舒适性。振动超过该界限，将使人产生不舒适的感觉。疲劳–效率降低界限为舒适性降低界限的3.15倍。

图6–17 手传振动评价曲线

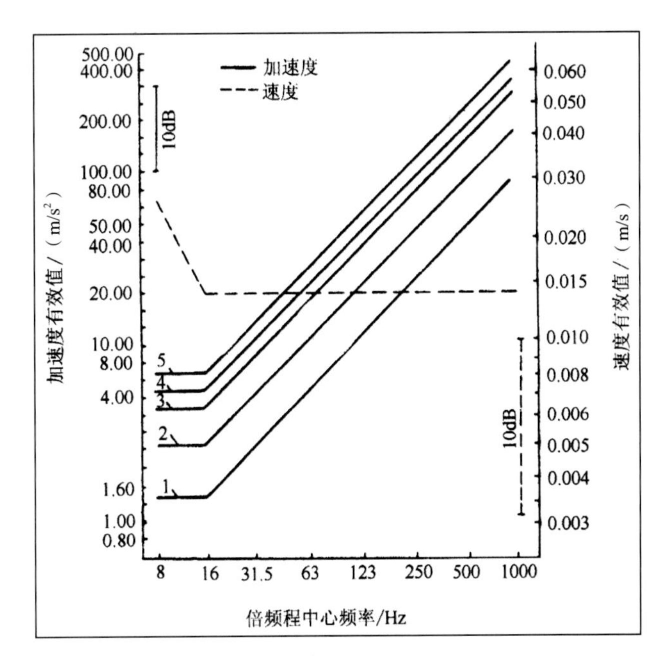

振动控制

可从下列途径减轻或消除振动的效应，或阻止振动的传播。

①隔离振源，切断振动向外传播的途径。

②安装阻尼部件或设备（例如弹簧、橡胶垫等）以减弱振动。

③改变自振频率，避免发生共振。可通过减小系统的刚性系数（例如采用柔性结构），或增加整体质量（例如安装惰性块）来降低自振频率。

④缩短工人在振动环境中作业的时间。

表6–8 手传振动评价曲线

日接触时间 /h	无规律间断	每小时规律性间断 /min				
		≤ 10	10 ～ 20	20 ～ 30	30 ～ 40	＞ 40
0 ～ 0.5	5	5	—	—	—	—
0.5 ～ 1	4	4	—	—	—	—
1 ～ 2	3	3	3	4	5	5
2 ～ 4	2	2	2	3	4	5
4 ～ 8	1	1	1	2	3	4

参考文献

[1] Tilley.The Measure of Man and Woman.NewYork:John Wiley & Sons, Inc., 2002.

[2] S. Parker.Eyewitness Science: Human body. L ondon:Dorling Kindersley，1993.

[3] 建筑设计资料集编委会.建筑设计资料集（1）.北京：中国建筑工业出版社，1994.

[4] 张绮曼，郑曙炀.室内设计资料集.北京：中国建筑工业出版社，1991.

[5] 林玉莲，胡正凡.环境心理学.北京：中国建筑工业出版社，2006.

[6] 王步标，华明.运动生理学.北京：高等教育出版社，2006.